欢乐数学营

the
calculus
story
a mathematical adventure

微积分
的故事

[英] **大卫·艾奇逊**（David Acheson）/ 著

吴健 欧阳臻 / 译

U0390185

人民邮电出版社

北 京

图书在版编目（CIP）数据

微积分的故事 / （英）大卫·艾奇逊
(David Acheson) 著；吴健，欧阳臻译. -- 北京：人
民邮电出版社，2021.10
（欢乐数学营）
ISBN 978-7-115-56018-6

Ⅰ. ①微… Ⅱ. ①大… ②吴… ③欧… Ⅲ. ①微积分
－青少年读物 Ⅳ. ①O172-49

中国版本图书馆CIP数据核字(2021)第030477号

版 权 声 明

♦ 著　　　　[英] 大卫·艾奇逊（David Acheson）
　 译　　　　吴　健　欧阳臻
　 责任编辑　李　宁
　 责任印制　王　郁　陈　犇
♦ 人民邮电出版社出版发行　北京市丰台区成寿寺路 11 号
　 邮编　100164　电子邮件　315@ptpress.com.cn
　 网址　https://www.ptpress.com.cn
　 涿州市般润文化传播有限公司印刷
♦ 开本：880×1230　1/32
　 印张：5.625　　　　　　　　　2021 年 10 月第 1 版
　 字数：96 千字　　　　　　　2024 年 11 月河北第 11 次印刷
　 著作权合同登记号　图字：01-2020-2164 号

定价：45.00 元
读者服务热线：(010)81055410　印装质量热线：(010)81055316
反盗版热线：(010)81055315
广告经营许可证：京东市监广登字 20170147 号

内容提要

这是一本精美的小书，简单易懂！

本书抛却细枝末节，以28个小故事极其简洁地介绍了微积分的发展历程，以及它在其他学科和生活中的各种应用。此外，本书还概述了微积分与最值、无穷、极限等概念的密切联系。本书的目的不是教给读者微积分的具体计算方法，而重在展示微积分这一数学重要分支的发展脉络，以加深初学者对这一主题的理解。

本书作为微积分的入门读物，适合高中生、大一学生以及数学爱好者阅读。

目　录

1. 引 言

1666年的夏天，艾萨克·牛顿（Isaac Newton，1643—1727）在花园里观察到苹果落地这一现象，如图1所示，然后提出了万有引力理论。

图1　牛顿和他的苹果

至少，故事是这么流传下来的。

但是，无论这个故事如何简化或者演绎，它都是介绍微积分的一个很好的出发点。

这是因为苹果在下落的过程中是不断加速的。

这个故事引出了这样一个问题：苹果在任意时刻的速度到底是指什么呢？

这个问题源自以下这一著名的公式：

$$速度 = \frac{距离}{时间}$$

以上公式只适用于运动速度恒定的情形，它说明当速度不变时，距离和时间成正比。

让我们换一种表述方式：在距离-时间图中，以上公式只适用于直线情形。此时，直线的倾斜程度（或者说斜率）代表的就是速度，如图2所示。

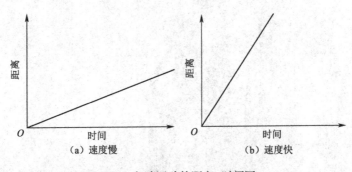

图 2　匀速运动的距离-时间图

但是，对于正在下落的苹果，下落的距离和时间并不成正比。事实上，伽利略·伽利莱（Galileo Galilei，1564—1642）发现，物体在时间t内下落的距离正比于t^2。因此，经过一段时间后，苹果会下落一定距离，但如果是经过2倍长的时间，苹果下落的距离并不是原来的

2倍，而是4倍，因为$2^2=4$。如果把苹果下落的距离随时间的变化关系画出来，我们会得到一条如图3所示的向上弯的曲线。

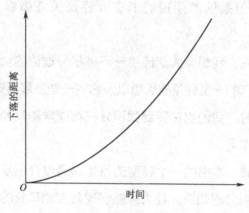

图 3　苹果下落的距离-时间图

　　显然，曲线陡峭的程度逐渐增加，这在某种程度上反映了苹果下落的速度随时间增加。而事物的变化率随时间而变化正是微积分理论最核心的思想之一。

　　微积分有时候被认为是关于事物变化的理论，但更好的描述应该是，它是关于事物变化率的理论。

　　从17世纪下半叶开始，微积分理论逐渐发展起来。其中，最重要的贡献者无疑是英国的艾萨克·牛顿和德国的戈特弗里德·莱布尼茨（Gottfried Leibniz，1646—1716）。

　　历史上，这两位学者从未谋面，他们之间却有一些谨慎而间接的联系。刚开始，这种联系是礼貌且友好的。然而，最后他们的关系因为微积分"发明"优先权的争论而恶化。

尽管我会在后文中多说一些人们对于这一争论的看法，但是这本简短的书主要还是关注微积分理论本身。

首先，我想向大家描绘一下微积分理论的全景，集中介绍它的一系列重要思想以及它的一些发展历史。

同时，我们也将看到微积分在物理学和其他学科中的基础作用。

例如，本书的一个特别的目标是通过介绍足够多的关于微积分的知识，让大家能够理解吉他琴弦的振动原理，如图4所示。

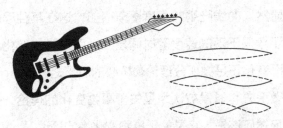

图 4　吉他琴弦的振动

但是，我在这里要强调的是，这本书中很多微积分的结果只是因为数学本身而让大家愉悦，并不涉及可能的实际应用。

举个例子，图5展示了圆周率 π 与奇数之间的一个意想不到的联系。

$$\frac{\pi}{4} = 1 - \frac{1}{3} + \frac{1}{5} - \frac{1}{7} + \cdots$$

图 5 一个意想不到的联系

当然，在合适的时候，我会解释为什么这一关系式是正确的。

简而言之，这本小册子比它看起来更加"雄心勃勃"。

如果一切顺利，我们不仅会知道微积分的内涵，而且能开始真正地应用它。

为此，我们首先需要思考一下数学的本质和精神。

2. 数学精神

在耶鲁大学的巴比伦文物收藏中，有一块编号为 YBC 7289的泥板，其历史可以追溯到大约公元前1700 年。这块泥板上绘有一个简单的几何图形，如图6所示。

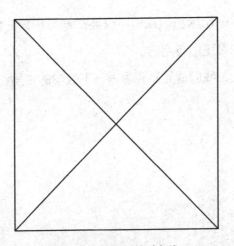

图 6　正方形与其对角线

在这一图形旁边还附有一些楔形文字①。经破译之 后人们发现，这些文字表示的是$\sqrt{2}$的一个非常精确的近

---

① 这些文字实质上是一个用六十进制表示的数。

似值（精度达到百万分之一）。

那么，写下这些文字的人是怎么知道正方形的对角线与边长之比是$\sqrt{2}$的呢？

我们只能猜测，他们可能借助了图7所示的图形。

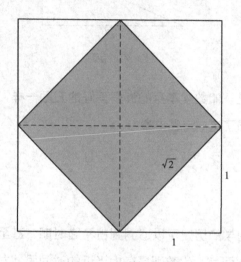

图 7　一个简单的推导

在图7中，大正方形的面积是2×2=4，而用阴影表示的正方形的面积明显是大正方形面积的一半，也就是2。所以，阴影正方形的边长一定是$\sqrt{2}$。

今天，这样的推导已被视为整个数学学科的核心。

我们一直关注的不是简单地知道"什么是对的"，而是"为什么是对的"。

数学家们也在尽可能地寻求理论的普适性。勾股定理就是一个很著名的例子，它给出了任意直角三角形的3条边之间存在的异常简单的关系，如图8所示。

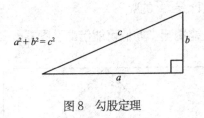

图 8　勾股定理

而且，如数学本身的许多美好的方面一样，这种普适性赋予了这一定理生命力。

代数

几何学的历史可以追溯到古希腊时期，甚至更久以前。相比而言，代数则是在相当近的时间里才发展起来的，至少我们今天所知的代数是这样。甚至我们熟悉的等号"="是在1557年才首次出现的，这仅比牛顿出生的时间早了不到100年。

同样，代数的主要目的是帮助人们以简捷的方式来表达和运用数学中的基本思想。

在此，举一个在这本书中很有用的例子：

$$(x+a)^2 = x^2 + 2ax + a^2$$

根据初等代数法则，这个式子对于任意x和a都成立，无论它们是正数还是负数。而且，当x和a都是正数的时候，还可以利用面积的概念对这个结果从几何的角度来直观地理解，如图9所示。

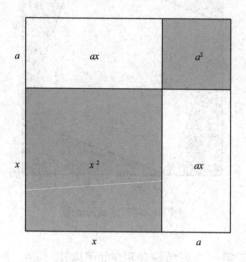

图 9 代数的几何表示

证明

有时候，数学推导或证明本身就能让人愉悦。

图10中展示的勾股定理的证明是一个很好的例子。

这里我们把4个一模一样的直角三角形放在一个边长为$(a+b)$的大正方形里，这样大正方形中间就会空出来一个面积为c^2的小正方形。

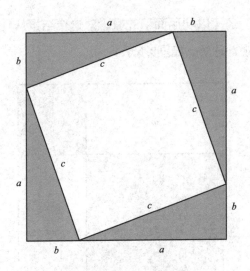

图 10　勾股定理的证明

　　由于每一个直角三角形的面积都是 $\frac{1}{2}ab$，所以整个大正方形的面积就是 c^2+2ab。

　　同时，这一面积也可以表示成 $(a+b)^2=a^2+2ab+b^2$。

　　由此可得，$a^2+b^2=c^2$。

　　在我看来，这可以算是勾股定理最好的证明之一，因为其证明过程是如此简洁和优美。

通往繁星之路……

　　纵观数学史，数学在我们理解世界到底如何运作中发挥了至关重要的作用。

　　特别是，宇宙的本质一直使人们感到困惑。想要研究它，我们必须从地球半径的测量开始。

其中一个办法是，先爬到一座已知高度为H的山顶上，然后估算山顶到地平线的距离D，如图11所示。因为视线PQ与地球相切，它与OQ（OQ=R）所形成的夹角是一个直角，所以△OQP是一个直角三角形。

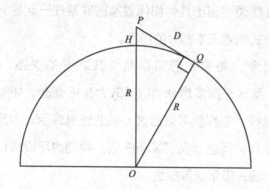

图 11　测量地球的半径

运用勾股定理，我们可得

$$(R+H)^2=R^2+D^2$$

其中R是地球的半径。等号左边的表达式展开后为$R^2+2RH+H^2$，消去等号两边的R^2，得到$2RH+H^2=D^2$。

实际上，H远小于地球的半径R，所以H^2也比$2RH$小得多，我们可以认为$2RH$近似等于D^2，可得

$$R \approx \frac{D^2}{2H}$$

大约在1019年，一个名叫阿尔比鲁尼的学者用与以上方法大体一致的方法对地球的半径R进行了估算，得

到的结果与现代普遍接受的结果①相差不到1%，这在当时是一个非同寻常的成就。

方程与曲线

我想通过指出几何和代数紧密联系在一起这一强有力的方式来结束本部分的内容。

如今，如果我们知道两个数之间的关系，例如 $y=x^2$，那么无须多想就会以 x 和 y 为坐标画图，如图12所示。这样，方程便可以通过一条曲线来表示。相反，如果一个几何问题包含了某条曲线，我们也可以尝试着用一个方程去表示这条曲线。

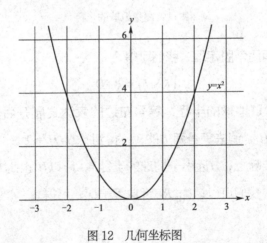

图12　几何坐标图

① 地球并不是一个标准球体，而是大致呈椭球形，其赤道半径为6378 千米，极半径为 6357 千米。

但是，在牛顿所处的时代，这是一个很新颖的想法。这个想法的提出主要归功于两位法国的数学家——皮埃尔·德·费马（Pierre de Fermat，1601—1665）和勒内·笛卡儿（René Descartes，1596—1650）。

通过以上的内容，我们已经很接近微积分本身了，但是在这之前，我们还需要再了解一个关键的概念……

3. 无 穷

无穷这个概念出现得很早，大约在公元前220年的"阿基米德（Archimedes，约公元前287—公元前212）时代"。

确切地说，逐渐逼近无穷这一思想才是关键。为此，我想介绍两个例子。

圆的面积

图13中有数学领域里最著名的两个公式。但是，为什么它们是正确的呢？

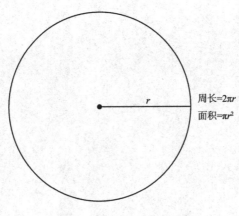

周长=$2\pi r$
面积=πr^2

图 13　圆的周长和面积公式

就本书而言，下式对不同半径的圆均成立：

$$\pi = \frac{圆的周长}{圆的直径}$$

这个比值被定义为 π。

所以，如果一个圆的半径是 r，其直径则为 $2r$，圆的周长公式的正确性可由 π 的定义式确认。其实，这大概只是对 π 的一个简单重述。

但是第二个式子——圆的面积公式（面积 $=\pi r^2$）则完全不同。

为了弄清楚为什么这个式子是正确的，我们首先可以借鉴阿基米德的思路，在圆内作一个内接正 N 边形，如图14所示。

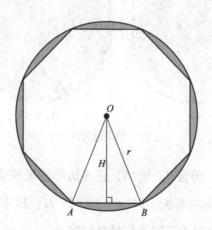

图 14 用正 N 边形逼近圆

这个正 N 边形由 N 个与 $\triangle OAB$ 一样的三角形组成，其中 O 为该圆的圆心。每个三角形的面积为底 AB 乘以高 H

的 $\frac{1}{2}$ 。因此，整个正多边形的面积就是 $\triangle OAB$ 面积的 N 倍，即 $\frac{1}{2} \times AB \times H \times N$。

这里 $AB \times N$ 是正多边形的周长，我们可以把上式改写成如下形式：

正多边形的面积 $= \frac{1}{2} \times$ 正多边形的周长 $\times H$

接下来，思考这样两个问题：随着 N 越来越大，即正多边形的边数越来越多，正多边形的面积如何变化？对应的圆的面积又如何理解？可借助图15进行思考。

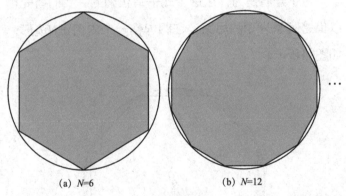

(a) $N=6$ (b) $N=12$

图 15   越来越接近……

显然，随着 N 的增加，正多边形的周长会越来越逼近其外接圆的周长，即 $2\pi r$。同时，H 也越来越接近 r。因此，这个多边形的面积越来越接近

$$\frac{1}{2} \times 2\pi r \times r$$

也就是 πr^2。

极限的思想

我得承认，"越来越接近"这种说法意思确实有点模糊，不容易量化理解。

更确切的说法是，我们可以把圆的面积看成，当 $N \to \infty$（N 趋近无穷）时，正多边形面积的极限。

上面的说法还可以这么理解，只要正多边形的边数 N 足够大，圆和其内部的正多边形面积的差就可以任意小。

极限的思想对于整个微积分学是至关重要的，但它是一个比较微妙的概念。我希望随着本书内容的深入，极限的思想可以被读者更好地理解。

需要注意的是，"极限"这个词在日常生活中也经常使用，但是表示的意思与微积分中的极限思想是很不一样的。所以，现阶段大家可以这样来理解数学上的极限思想——只要我们足够努力，就能无限接近目标。当然，这是一个很直观但不严谨的说法。

一个无穷级数

在我们的探索旅程中，无穷通过无穷级数的形式再次出现，例如

$$\frac{1}{4}+\frac{1}{4^2}+\frac{1}{4^3}+\cdots=\frac{1}{3}$$

乍一看，这个式子很神奇，因为上式中的省略号表示式子左边一系列的正数项以某种规律无限地继续下去，然而它们的和是一个有限值——$\frac{1}{3}$。

我暂时先用作图的方式来简要地证明这个结果。我们取一个边长为1的正方形，并把它分成一系列越来越小的正方形，如图16所示。

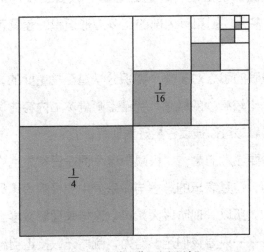

图 16　一种"作图证明法"

阴影部分的总面积就表示我们关注的无穷级数之和，而且这个面积显然就是总面积的 $\frac{1}{3}$，因为整个面积被等分成了3份。

但是，这里必须再次说明，上面的理解过于取巧，而且图16给出的证明有点随意，不够严谨。

该式子表示的真正含义可以这样理解：只要式子左边的项数取得足够多，我们就可以让这些项的总和按照我们的要求尽可能地接近 $\frac{1}{3}$。

通往微积分之路

现在我们已经有了一些基础，尤其是了解了与极限相关的一些概念。我们可以正式开启微积分之路的探索旅程了。

通往微积分之路主要包括4个主题：

①曲线的陡度；

②曲线所包围的面积；

③无穷级数；

④运动问题。

下面将依次介绍这些主题。当然，我希望尽可能简洁明了地解释清楚其中的关键思想。

但是我并不是在说微积分简单。它并不简单！

我之所以这么说，其中一个原因得从几年前我去探望我的父亲说起，那是他去世前几周。

他不是一位数学家，但是他很乐意对我当时正在写的东西发表评论。

我们舒舒服服地坐在他的后花园里，望着夕阳。

他突然说："恐怕我并不认同 $\frac{1}{4}+\frac{1}{16}+\frac{1}{64}+\cdots$ 会刚好等

于 $\frac{1}{3}$，我觉得这个和会比 $\frac{1}{3}$ 小一个无穷小的量。"

我是这么回答的："假如我知道这个无限小的数具体是什么，我可能会认同你的观点，但是我并不知道。"

"啊！"他若有所思地说。我以为他要说些什么，所以脑子已经高速运转，整理自己的想法，为反击做准备。

结果这个讨论没有继续下去。他最后只是说了一句："我们再喝一杯威士忌吧！"

4. 曲线有多陡

微积分是关于事物变化率的学科，而且我们已经知道，微积分思想与曲线的陡峭程度相关。那么，我们如何确定一条曲线在某个点处的陡峭程度，或者说斜率呢？

直线的斜率

对于一条直线，它的斜率很容易确定：取直线上两个点P、Q，分别计算从P点移动到Q点的过程中x和y方向上的增量（见图17），然后通过下式计算：

$$斜率 = \frac{y\,方向上的增量}{x\,方向上的增量}$$

这样定义的优点在于，直线上的两个点可以任意选取，它们关于上式的比值保持不变。

很显然，这个比值越大，说明曲线越陡。

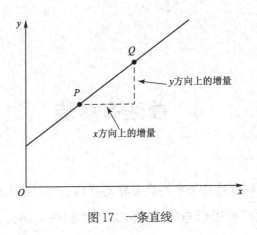

图 17   一条直线

曲线的斜率

如果我们用与上面同样的办法来计算一条曲线在某一点P处的斜率，那么我们会遇到这样一个问题：比值

$$\frac{y\text{ 方向上的增量}}{x\text{ 方向上的增量}}$$

的结果取决于点Q的位置，我们应该把Q点选在哪里呢？

因为我们想计算的是曲线在P点处的倾斜程度，而不是其他地方的，所以我们理所当然地要让选取的Q点离P点近一些。那么，到底要多近呢？仔细思考一下，这个问题的答案当然是越近越好。

按照这个思路，我们可以把曲线在P点的斜率定义为当Q点不断趋近于P点时（见图18），以上比值的极限，即

$$曲线在P点处的斜率 = \lim_{Q \to P} \frac{y\,方向上的增量}{x\,方向上的增量}$$

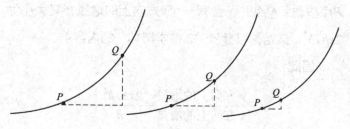

图18　Q点逐渐逼近P点

举例

我认为，理解以上想法如何具体实践的最简单的办法是通过曲线$y=x^2$（见图19）这一例子。

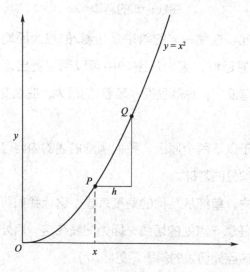

图19　曲线斜率的计算

假如P点和Q点在x方向的坐标分别是x和$x+h$，那么它们对应的y方向的坐标则分别是x^2和$(x+h)^2$。当我们从P点移动到Q点时，会有一个y方向上的增量，其大小为$2xh+h^2$（该结论可参考"2.数学精神"的内容）。

因此，

$$\frac{y\text{方向上的增量}}{x\text{方向上的增量}} = \frac{2xh+h^2}{h}$$

然后，消去公因子h得到

$$\frac{y\text{方向上的增量}}{x\text{方向上的增量}} = 2x+h$$

最后，我们固定P点，即固定横坐标x的值，取Q点→P点这一极限，也就是令$h\to 0$，可得

$$\text{曲线}y=x^2\text{的斜率}=2x$$

因此，曲线$y=x^2$的斜率是随着x的增大而增大的。这很容易理解，因为从图19中可以明显看出这条曲线"向上弯曲"，也就是说，随着x的增大，曲线变得越来越陡。

由于以下两个原因，我们刚刚描述的内容可以被认为是微积分的基础。

首先，单纯从几何的角度来看，这让我们可以作出曲线上任意一点处的切线，因为曲线在这一点处的斜率正好是该点处切线的斜率（见图20）。

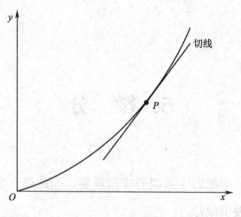

图 20　曲线的切线

　　其次，从动态变化的角度来看，我们可以计算出 y 随 x 增大的速率，因为这恰好是曲线的斜率。

　　这个从曲线方程求得曲线斜率的过程就叫作微分。

5. 微 分

　　微分思想对于微积分非常重要，因此有一个专门的符号来表示微分。

　　首先，希腊字母 δ 读作"德尔塔"，它表示的不是一个数，而是"……的增量"。举个例子，假如x从1增加到1.01，那么δx就是0.01。

　　这样的话，δx和δy表示在沿着某条曲线从P点移动到其附近Q点的过程中x和y方向上的微小增量（见图21）。

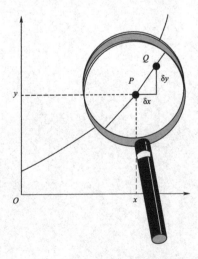

图21　x和y方向上的微小增量

接下来，正如我们前面已经知道的，微分的整个过程包括求当 δx→0，也就是Q点不断趋近于P点时，δy/δx的极限。

我们用一个特殊的符号dy/dx来表示这个极限，如图22所示。

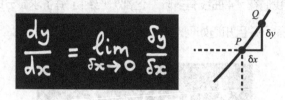

图22 dy/dx 的定义

这个符号是一个整体，称作y相对于x的导数，表示曲线的斜率和y随x增大的速率。

多年来，由莱布尼茨而得名的这一独特符号已被证明非常成功，但也有一些微妙之处值得注意。

毫无疑问，莱布尼茨把dy/dx看作dy和dx两个数的比值，而这两个数都是"无穷小的"，至少他早年的时候是这么认为的。

在本书中，我们不会把这个符号看作比值，而总是把它看作当 δx→0时，实际比值 δy/δx的极限。

实际上，如果我们把dy/dx完全拆开，通常会写成这样的形式：

$$\frac{d}{dx}(y)$$

这意味着，我们把d/dx单独看作一个符号，表示"对x求导数"。

举例

我们在"4.曲线有多陡"这部分已经了解了求微分的整个过程，并且知道如何对$y=x^2$进行微分（见图23）。

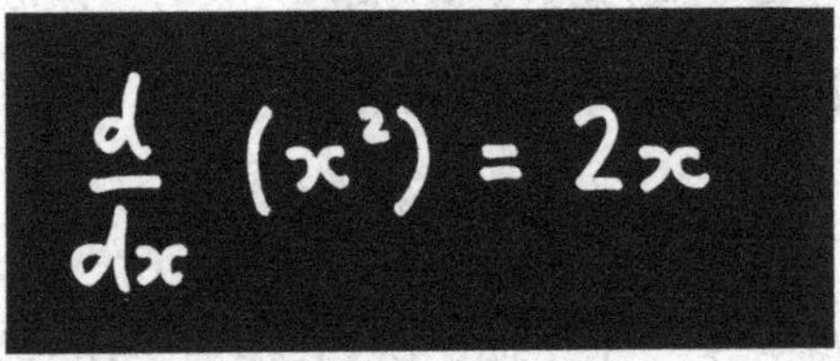

$$\frac{d}{dx}(x^2) = 2x$$

图 23　x^2 的导数

我们通过第二个例子来介绍dy/dx这个符号在实际中的应用。

假设$y=1/x$。

值得注意的是，在这种情况下，随着x的增加，y会减小（见图24）。因此，我们很自然地预想会得到负的导数，即dy/dx的值为负。

在任何情况下，我们首先需要计算 δy 。当x值从x变成$x+\delta x$时，y值会从$1/x$变成$1/(x+\delta x)$，所以

$$\delta y = \frac{1}{x+\delta x} - \frac{1}{x}$$

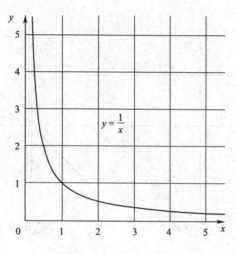

图 24　$y = 1/x$ 的图像

将等式右边进行通分，可将其改写为

$$\delta y = \frac{-\delta x}{(x+\delta x)x}$$

所以

$$\frac{\delta y}{\delta x} = -\frac{1}{(x+\delta x)x}$$

最后，令 $\delta x \to 0$，可得 $dy/dx = -1/x^2$。

由此，我们证明了

$$\frac{\mathrm{d}}{\mathrm{d}x}\left(\frac{1}{x}\right) = -\frac{1}{x^2}$$

可以看出，结果与我们预想中的一样，该导数的确
是一个负数。

用同样的方法，我们可以逐步获得图25所示的各种

导数结果。

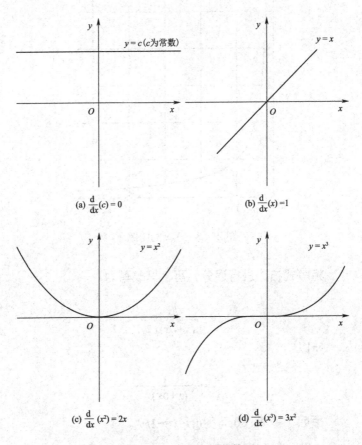

图 25　一些基本的导数

　　如果你感觉这里面可能存在一定的规律，如x^4的导数是$4x^3$等，那么你的感觉是准确的。图26为当n为正整数时x^n的导数。我会在"13.莱布尼茨1684年的论文"中详细解释和证明这个式子。

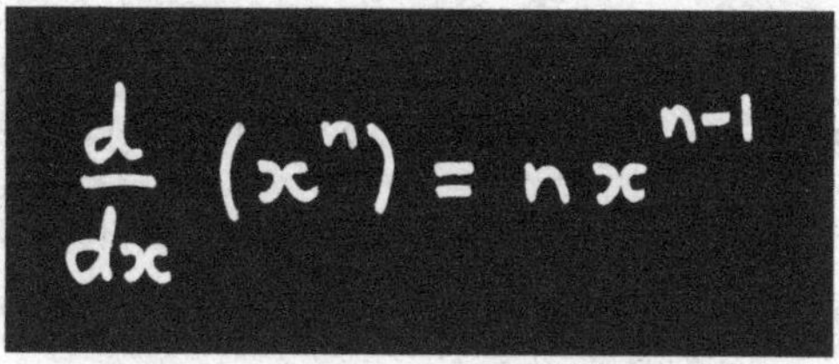

$$\frac{d}{dx}(x^n) = nx^{n-1}$$

图 26　当 n 为正整数时 x^n 的导数

函数

在之前的所有例子中，对于任意给定的 x 值，都有且只有一个对应的 y 值。只要满足这一条件，我们就可以说，y 是 x 的函数。

因此，$y = x^2$ 也表示 y 是 x 的函数。但是，这个表达式并没有把 x 定义为 y 的函数，因为对于任意给定的（正）y 值，会求出两个可能的 x 值：一个为正，另一个为负。

两个基本法则

除我们讨论过的几个特例外，以下两个基本法则也非常有用：

法则1：$\dfrac{\mathrm{d}}{\mathrm{d}x}(u+v) = \dfrac{\mathrm{d}}{\mathrm{d}x}(u) + \dfrac{\mathrm{d}}{\mathrm{d}x}(v)$

法则2：假如 c 为常数，$\dfrac{\mathrm{d}}{\mathrm{d}x}(cy) = c\dfrac{\mathrm{d}}{\mathrm{d}x}(y)$

其中，u、v 和 y 可以是关于 x 的任意可导函数。

　　例如，在"6.最大值和最小值"这一部分，我们会对$4x-2x^2$求导。根据法则1，我们可以把$4x$和$-2x^2$分别求导后再把其结果相加。根据法则2，$4x$的导数等于4乘以x的导数，也就是$4 \times 1 = 4$。类似地，$-2x^2$的导数为$-2 \times 2x = -4x$。

　　虽然后续的内容需要用到这里的一些技巧，但是更紧迫的问题显然是：求微分有什么用？

6. 最大值和最小值

微积分的一个主要应用是处理最优化问题。在这类问题中，我们需要确定某一个量的最大值或最小值。

在农场里……

想象一下，假如你是一位农民，想在河边用栅栏围一块矩形的土地，如图27所示。因为紧邻河边，栅栏只需要围三边，假定栅栏的总长度是固定的，比如说4千米。

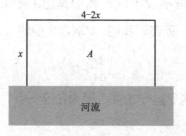

图 27　一个最大值问题

现在的问题是：如何确定栅栏三边的长度，从而使围着的矩形土地的面积A（单位：平方千米）尽可能大？答案会不会是构造一个正方形？

我坦诚地告诉大家，我从没有见过会做这种事的农民，但是这个小问题确实能很好地说明微积分在实际生活中的一类应用。

对于这个问题，假设x（单位：千米）为所围区域的宽度，那么平行于河流的边的长度就是$4-2x$。

因此，这个区域的面积等于$x(4-2x)$，即

$$A = 4x - 2x^2$$

接下来的问题是，我们应该如何选择一个x使A最大。

最重要的步骤是对x求导，即

$$\frac{\mathrm{d}A}{\mathrm{d}x} = 4 - 4x$$

很显然，当$x < 1$时，$\frac{\mathrm{d}A}{\mathrm{d}x}$为正，$A$随着$x$的增大而增大；当$x > 1$时，$\frac{\mathrm{d}A}{\mathrm{d}x}$为负，$A$随着$x$的增大而减小。

以上分析不仅可以帮我们画出A随着x变化的草图（见图28），还告诉我们，A取最大值时一定满足

$$\frac{\mathrm{d}A}{\mathrm{d}x} = 0$$

即当$x = 1$时满足这一条件，因为在这一点，A停止增大并开始减小。

当$x = 1$时，平行于河流的边的边长等于2。因此，我们可以通过构建一个长宽比为2:1的矩形来使土地的面积A最大（见图29）。

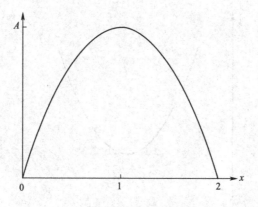

图 28 A 随 x 变化的草图

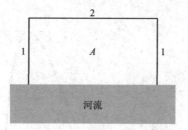

图 29   土地面积最大的情况

但是，更普遍的情况……

通过微分来处理最优化问题是一种非常强大的思想，当然也有需要注意的细节。这一思想源自费马在大约1630年做的工作。

比如说，对于一些问题，$dy/dx=0$对应的是y的最小值，如图30（a）所示。

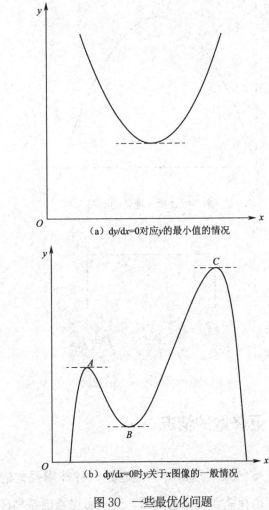

（a）dy/dx=0对应y的最小值的情况

（b）dy/dx=0时y关于x图像的一般情况

图30　一些最优化问题

　　更一般地，y关于x的图像可能看起来如图30（b）所示。此时，令dy/dx=0会得到3个x值，分别对应A、B和C 3点。我们还需要一些工作来确认，在图中所示

的x的范围内，C点对应的y值最大，而其他两点对应的
y值不是最小值。所以，令$\mathrm{d}y/\mathrm{d}x = 0$只是这个故事的一
部分。

纳尔逊纪念柱的最佳观测点

我打算用一个我最喜欢的最优化问题来结束这一部
分，当然，对于其中一些细节读者还需要掌握更多的知
识才能理解。

想象一下，你正站在伦敦的特拉法尔加广场，仰望
着纳尔逊纪念柱。

很显然，如果你站得太远，那么你的可视角A（见
图31）将会很小；站得太近，这个角度同样会很小，意
味着你要仰视纳尔逊雕像。

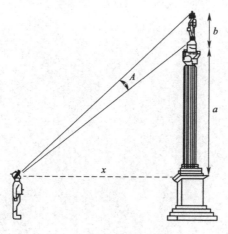

图 31　最佳观测点在哪儿

那么，你与纪念柱的距离x为多大时才能使可视角A最大呢？

通过微积分，我们可以得到如下答案：

$$x = \sqrt{a(a+b)}$$

式中，b是纳尔逊雕像的高度，a是雕像的"脚"与你的水平视线的高度差。

实际上，与a相比，b是一个很小的量，这意味着你应该站在距离纪念柱a处的位置，此时你是以45°角抬头欣赏纳尔逊雕像。

但是，要小心来往车辆哟！

7. 玩转无穷

在"3.无穷"中，我们通过构造一个正N边形并使$N \rightarrow \infty$证明了圆的面积为πr^2（见图32）。

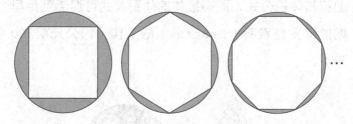

图 32　圆的近似面积

虽然我们把这种求解思想归功于阿基米德，但是阿基米德并不是完全按照以上的方法来做的。首先，他假设圆的面积大于πr^2。然后，他引入了一个内接正N边形（见"3.无穷"），并证明了对于有具体取值且足够大的N，正N边形的面积与圆面积的假设相矛盾。

随后，他假设圆的面积小于πr^2并作了一个外接正N边形，同样，对于一些足够大的N值，外接正N边形的面积也与假设相矛盾。

那么只剩下最后一种可能性，那就是圆的面积恰好是πr^2。

这一系列的论证过程被称作归谬法，也叫反证法。

目前我们并不关心上面提到的矛盾是如何产生的，重点是在以上的论证过程中，正多边形的边数N一直都是有限值，而不是趋近于无穷大，更别说N就是无穷大了。

用类似的方法，阿基米德证明了图33中球体的表面积和体积公式，而圆锥体的体积公式可追溯到更早期的欧多克索斯（Eudoxus）的工作（约公元前360年）。

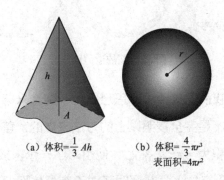

（a）体积=$\frac{1}{3}Ah$　　　（b）体积=$\frac{4}{3}\pi r^3$
表面积=$4\pi r^2$

图33　圆锥体和球体的相关公式

但同样，在两个结果的整个证明过程中没有参量趋向无穷。

至少在这两位古希腊人最后发表的优美证明中，他们像躲避瘟疫一样避免无穷的出现。

数学家的危险生活

到1615年，事情开始有所变化，德国天文学家约翰尼斯·开普勒（Johannes Kepler，1571—1630）显然更乐意把球体看成由无数个从球心延伸出的无穷薄的圆锥组成（见图34）。

图 34　开普勒求球体体积的方法

他认为，基于这种思想，很容易就能从球体的表面积公式得到球体的体积公式。

我们知道，每个圆锥的体积等于 $\frac{1}{3}r$ 乘以它的底面积，而所有无穷薄的圆锥的底面积加起来就是球体的表面积——$4\pi r^2$。

所以，球体的体积一定是

$$\frac{1}{3}r \times 4\pi r^2 = \frac{4}{3}\pi r^3$$

对吧?

没多久，伽利略的学生博纳文图拉·卡瓦列里（Bonaventura Cavalieri，1598—1647）想出了一种新颖的方法来计算各种面积和体积。

在图35所示的例子中，两个几何形状在每一层上都有相同的高度和宽度（或者说水平范围）。

根据卡瓦列里的方法，这两个图形必有相同的面积。

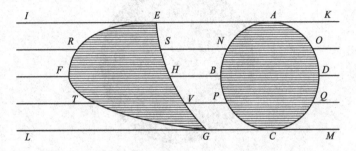

图35　出自卡瓦列里的著作《六个几何练习》（1647）

（做个简单的类比：改变一副扑克牌中一些牌的位置并不会改变这副扑克牌的体积。）

根据卡瓦列里的方法，我们可以通过参考简单几何形状来计算一些奇怪的几何形状的面积（或体积）。

卡瓦列里似乎把一片区域看成由无数的线条组成，但实际上，他是在回避无穷量的问题。

再后来，牛津大学萨维尔几何学教授[①]约翰·沃利斯（John Wallis）不再谨小慎微，而是自信满满地接纳了无穷这一概念，他甚至还发明了一个符号：∞。

从下面这个发现就能看出，沃利斯是一位杰出的数学家。在1655年，他发现用下面这种特殊的无穷级数可以表示π，即

$$\frac{\pi}{2} = \frac{2}{1} \times \frac{2}{3} \times \frac{4}{3} \times \frac{4}{5} \times \frac{6}{5} \times \frac{6}{7} \times \frac{8}{7} \times \frac{8}{9} \times \cdots$$

但是，他的有些做法现在来看是欠妥的。

例如，沃利斯考虑了一个高为"无限小"的平行四边形，并把高表示成1/∞。

在其他地方，他甚至这么写：

$$\frac{1}{\infty} \times \infty = 1$$

今天，我们认为这毫无意义，因为不能把 ∞ 看成一个具体的数。

即使在那个时候，托马斯·霍布斯（Thomas Hobbes，1588—1679），这位对欧几里得几何非常推崇的哲学家也对沃利斯的方法持嘲讽态度，他写道：

我坚信……从创世至今……几何学中就没出现过这么荒唐的东西。

---

① 可以理解为冠名的教授席位。

一种更安全 / 保险的方法

　　我们考虑一种更安全的做法。对于一个曲边区域，我们先用一定数量简单形状的简单子区域来近似表示，然后看随着子区域数量的增加或者面积变小会发生什么。

　　举个例子，假如要计算由曲线$y=x^2$、直线$x=1$和x轴所围成的曲边区域的面积，我们可以用N个宽度均为$1/N$的长方形来近似表示，如图36所示。

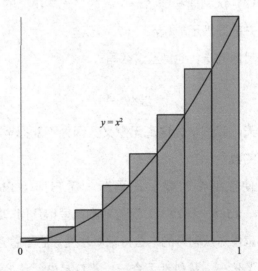

图 36　用多个长方形来近似表示曲边区域的面积

　　利用下面这个在阿基米德时代就已知的公式：

$$1^2+2^2+\cdots+N^2=\frac{1}{6}N(N+1)(2N+1)$$

我们可以把图36中阴影区域的面积表示成

$$\frac{1}{6}\left(1+\frac{1}{N}\right)\left(2+\frac{1}{N}\right)$$

最后，令 $N\to\infty$，这些长方形变得更细，数量也更多，其组成的面积也能更接近于曲边区域的面积，我们最后确定曲边区域的面积为 $\frac{1}{3}$。

在17世纪30年代，费马和其他人用类似的方法计算了很多曲边区域的面积。

然而，实际上，还有另一种方法……

8. 面积与体积

这是牛顿先生，我们学院的同僚，他非常年轻，……但是精通一些事情并具有非凡的天赋。

伊萨克·巴罗（Isaac Barrow），剑桥大学三一学院

摘于1669年的一封信

假设我们要计算某条曲线下方区域的面积A。

显而易见，如果我们改变x，那么A也会改变。牛顿给出了两个量之间的变化规律，如图37所示。

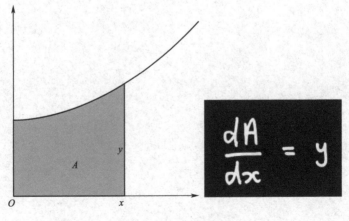

图 37 微积分基本定理

这个非同一般的结果被称为微积分基本定理。我们已经知道——至少在几何上——微分可以用来确定曲线的陡度。

现在我们发现微分的逆运算可以用来求面积。

我之所以说是逆运算，是因为在实际中，图37中的 y 通常是 x 的已知函数，A 为待求解的量。

微分的逆运算叫作积分。

下面是一个关于积分的简单例子。

曲线 $y=x^2$ 下方区域面积的新理解

对于这个例子，显然有

$$\frac{\mathrm{d}A}{\mathrm{d}x}=x^2$$

那么为了确定 A，我们自问：关于 x 的什么样的函数求导后是 x^2？

我们稍微回想一下 "5.微分" 的内容，就知道 x^3 的导数是 $3x^2$。这与答案已经很接近了！再根据微分的基本法则2可知，$\frac{1}{3}x^3$ 的导数是 x^2。

此时，我们需要稍加注意，因为 $\frac{1}{3}x^3$ 并不是唯一导数是 x^2 的函数。一个常数的导数为0，所以添加任意常数 c，依旧能满足 $\mathrm{d}A/\mathrm{d}x$ 等于 x^2，即

$$A=\frac{1}{3}x^3+c$$

　　假如我们碰巧从$x=0$开始计算曲线下方的面积，如图38所示，那么当$x=0$时，$A=0$。此时，c的值为0，$A=\frac{1}{3}x^3$就是最终的答案。

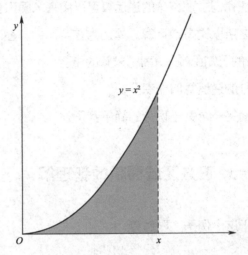

图38　曲线$y=x^2$下方区域的面积

　　特别地，当代入$x=1$时我们会发现，曲线$y=x^2$的下方区域在$x=0$和$x=1$之间的面积为$\frac{1}{3}$，这与"7.玩转无穷"的结论一致。

$\dfrac{\mathrm{d}A}{\mathrm{d}x}=y$的证明

　　为了理解为什么上面这种方法可行，我们回到图37，设想将x稍微增大一些到$x+\delta x$。此时，A也会稍微增大，新增的那部分是一个宽度为δx的又长又窄的条形区域，如图39（a）所示。

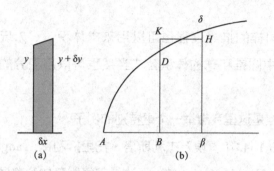

图39　（a）面积的微小增量和（b）出自牛顿的著作《运用无穷
多项方程的分析》（1669 年完成，发表于 1711 年）

此时，我们能很容易地大致看出为什么 $dA/dx=y$，因为新增的区域很接近一个宽为 δx、长为 y 的长而细的矩形，所以新增区域的面积近似为 $\delta A=y\delta x$。

我们可以借用牛顿1669年写的一份手稿[见图39（b）]来完善论证过程。

毫不奇怪，手稿中用的字母与现在的很不一样：A、D 和 δ 表示曲线上的点，而 $B\beta$ 对应着现在的 δx。牛顿发现，多出来的区域的面积刚好等于一个宽度为 δx、长度介于 y 和 $y+\delta y$ 之间的矩形 $B\beta HK$ 的面积。

因此，对我们来说，$\delta A/\delta x$ 一定介于 y 和 $y+\delta y$ 之间。如果我们令 $\delta x \to 0$（此时 $\delta y \to 0$），则最终结果为 $dA/dx=y$。

托里拆利的小号

　　同样的推导过程也可以用来求体积，"7.玩转无穷"中圆锥和球的体积公式当然也可以用积分的方式求得。

　　但是这里我想举一个更特别的例子。

　　在1643年，埃万杰利斯塔·托里拆利（Evangelista Torricelli，1608—1647），这位曾经跟随伽利略学习的数学家，因为发现了一个能无限延展但是体积有限的三维物体而声名大噪。甚至在30年之后，托马斯·霍布斯听到了这个结果后写道：

　　就算是数学家和逻辑学家也不能理解这个结果，只有疯子才能。

　　但是，托里拆利是对的吗？

　　我们可以利用微积分来回答这个问题。

　　他举的例子是一个形似小号的物体，它可以通过曲线$y=1/x$绕x轴旋转一周得到，其中x的范围是1到无穷大（见图40）。

　　很明显，图中阴影区域的体积（从$x=1$端部开始算）只取决于x。如果我们让x增大一个很小的量到$x+\delta x$，那么增加的体积δV实质上为一个半径为y、厚度为δx的薄圆盘。薄圆盘的底面积为 πy^2，故新增体积可近似为$\delta V=\pi y^2 \delta x$。

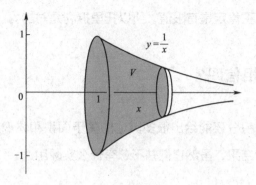

图 40　托里拆利的小号

这样，我们得到 V 与 x 存在以下关系的结论：

$$\frac{dV}{dx}=\pi y^2$$

从本质上讲，这是本部分开篇处给出的 $dA/dx=y$ 在三维情况下的一个例子。

在这个例子中，$y=1/x$，所以有

$$\frac{dV}{dx}=\frac{\pi}{x^2}$$

根据我们最近积累的经验（也可以快速回顾一下"5.微分"），很容易可以得到

$$V=-\frac{\pi}{x}+c$$

其中，c 为常数。

但是，这次 c 并不等于 0。从图40中可以看出，当 $x=1$ 时，体积 V 为 0。由此可得 $c=\pi$，故最终表达式为

$$V=\pi\left(1-\frac{1}{x}\right)$$

当我们取 $x\to\infty$ 时，对应整个小号，有 $V\to\pi$ ，小

号的体积肯定是有限值，所以托里拆利是对的。

你会相信吗？

微积分还能给出很多其他的关于面积和体积的令人惊讶的结果，虽然它们并不总有什么实际用途。

球形的面包

如果一个球形的面包（见图41）切出来的所有面包片厚度相等，那么哪一块会有最多的面包皮？

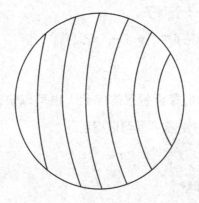

图 41　球形的面包

令人惊讶的是，答案是每一片面包的面包皮面积是相等的，而且阿基米德早就知道这一结果了。

比萨定理

在一个圆形比萨内任意取一点P，过这一点互相垂直地切两刀，再切两刀来平分前一步形成的直角（见图42）。

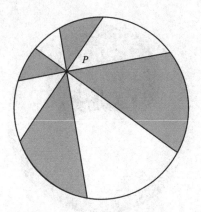

图 42　平分比萨

在图42中，4块阴影区域的面积之和与剩余4块非阴影区域的面积之和是相等的，所以这是一种平分比萨的独特方法。

深入地心……

在一个球体上挖掉一个通过球心的圆柱形的孔，这个孔贯穿球体且深度为L（见图43），那么剩下的部分的体积是多少呢？

答案为$\frac{1}{6}\pi L^3$，且不论球的尺寸大小。

所以，如果你在一个苹果大小的球体上钻孔，直到出现一个6厘米深的通孔，那么它剩下的体积将为36π立方厘米。

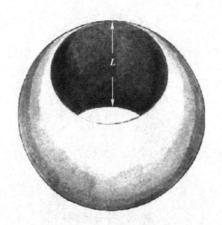

图 43　贯穿球体的通孔

如果你在一个与地球大小相同的球体上打了一个6厘米深的通孔，那以它剩下的体积还是36π立方厘米。

也许，刚开始你会觉得很不可思议，但仔细一想，假如在地球上钻了一个6厘米深的通孔，那么整个地球也确实没剩多少了——只剩下赤道附近薄薄的一个环。

9. 无穷级数

我们已经见过一个和是有限大小的无穷级数：

$$\frac{1}{4}+\frac{1}{4^2}+\frac{1}{4^3}+\cdots=\frac{1}{3}$$

要想把这个思想应用到微积分里，我们需要进行一些拓展。考虑每一项均为 x 的函数的级数，其中，最简单的例子是几何级数：

$$1+x+x^2+x^3+\cdots=\frac{1}{1-x}, \quad -1<x<1$$

这个特别的结果可以通过一个极其简单的方法来证明。

我们先把前 n 项的和 S_n 写出来，再把等号两边同时乘以 x，即

$$S_n=1+x+x^2+\cdots+x^{n-1}$$

$$xS_n=x+x^2+x^3+\cdots+x^n$$

然后，两式相减，等式右边非常多的项会被消去，只剩下：

$$(1-x)S_n=1-x^n$$

最后，我们取 $n\to\infty$，已知 $-1<x<1$，则 $x^n\to 0$，所以 $S_n\to\frac{1}{1-x}$。证明完成。

取个特例，令$x=\dfrac{1}{4}$，则无穷级数的和为$\dfrac{4}{3}$。在式子两边同时减去1，我们得到

$$\frac{1}{4}+\frac{1}{16}+\frac{1}{64}+\cdots=\frac{1}{3}$$

这与我们之前作图证明得到的结果一致。

令$x=-\dfrac{1}{2}$，我们会得到一个正负项交替出现的级数：

$$1-\frac{1}{2}+\frac{1}{4}-\frac{1}{8}+\cdots=\frac{2}{3}$$

随着n的增大，前n项的和S_n会振荡（见图44），但是收敛速度很快，所以仅在6或7项后，S_n就已经很接近该级数的极限值$\dfrac{2}{3}$。

但是这只是一些特例。我们已经证明了对于在$-1<x<1$范围内的任意x，以下级数

$$1+x+x^2+x^3+\cdots$$

收敛于$\dfrac{1}{1-x}$。

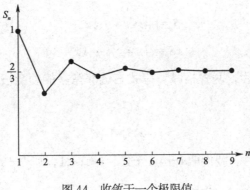

图 44　收敛于一个极限值

在这个例子中，很明显，级数收敛要求x满足$-1 < x < 1$。这个条件能确保随着n的增大，级数每一项的绝对值越来越小（而不是越大）。但是，认为级数收敛都有这么明显的限制条件的想法是有点危险的。

实际上，级数的收敛可能是一个很微妙的问题。在更普遍的情况下，级数项的值越来越小并不足以保证级数收敛。

一个发散的级数

例如，考虑级数

$$1 + \frac{1}{2} + \frac{1}{3} + \frac{1}{4} + \frac{1}{5} + \cdots$$

与前面的例子一样，这个级数的每一项都在不断地减小，但是这个级数的和并不是一个有限值，因为我们可以通过增加级数的项数使级数的和达到任意大小。

早在1350年，法国学者尼科尔·奥雷斯姆（Nicole Oresme）就已经证明了这个结论，而且证明过程极其简单，让人震惊。他首先对级数中除第一项以外的项进行了如下所示的分组：

$$\frac{1}{2}$$
$$\frac{1}{3} + \frac{1}{4}$$
$$\frac{1}{5} + \frac{1}{6} + \frac{1}{7} + \frac{1}{8}$$
$$\vdots$$

分组的标准是后面一组包含的项数是前一组的两倍。

然后，奥雷斯姆发现，$\frac{1}{3}+\frac{1}{4}$大于$\frac{1}{4}+\frac{1}{4}=\frac{1}{2}$，紧接着下一组大于$\frac{1}{8}+\frac{1}{8}+\frac{1}{8}+\frac{1}{8}=\frac{1}{2}$，再下一组大于$8\times\frac{1}{16}=\frac{1}{2}$，以此类推，不断持续。

而因为$\frac{1}{2}+\frac{1}{2}+\frac{1}{2}+\cdots$的和并不收敛到一个有限大的数，所以我们考虑的级数也不收敛。

这个例子在这里只是起一个警示作用，后面我们会看到它的重要影响。

我想通过一个很不一样的例子来结束本部分的内容，因为这个级数有实际应用，只是这个应用比较奇特。

盒子堆叠的极限

想象一下，把一些盒子一个一个地叠起来形成一个柱体放在桌子边缘的话，柱体有可能会倾倒。

假设每个盒子长边的边长均为单位长度，那么在重力让整叠盒子倾倒之前，这叠盒子可以伸出桌子边缘多远呢？

显然，只有一个盒子时，最大的外伸距离为$\frac{1}{2}$。当有4个盒子时，这个值增大到

$$\frac{1}{2}\times\left(1+\frac{1}{2}+\frac{1}{3}+\frac{1}{4}\right)$$

这个值略大于1。也就是说，最上面的盒子实际上已经完全不在桌子的正上方了（见图45）。

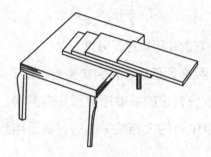

图 45　4 个盒子叠在一起

如果我们想让外伸距离大于2个盒子的长度，只需要31个盒子（见图46），因为此时的最大外伸距离为

$$\frac{1}{2} \times \left(1 + \frac{1}{2} + \cdots + \frac{1}{31}\right) \approx 2.0136$$

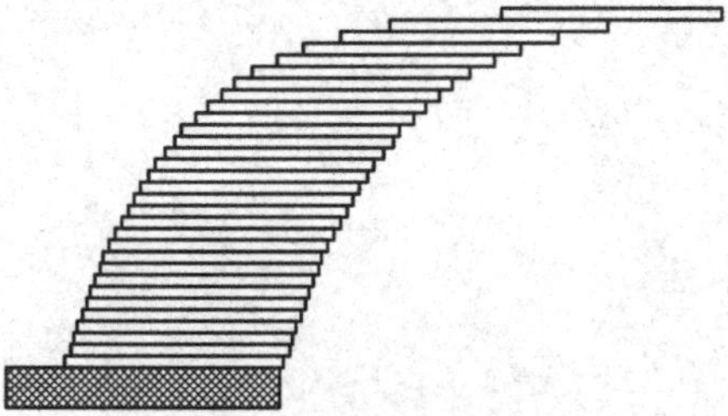

图 46　31 个盒子叠在一起

按照这个规律，n个盒子可能的最大外伸距离为

$$\frac{1}{2} \times \left(1 + \frac{1}{2} + \cdots + \frac{1}{n}\right)$$

让人意想不到的是，我们想要外伸量是多大，它就

可以是多大——只要我们有足够多的盒子——因为无穷级数

$$1+\frac{1}{2}+\frac{1}{3}+\frac{1}{4}+\cdots$$

是发散的，它的和可以是无穷大。

　　然而，我必须承认，直到参加一次数学问题演示之后，我才意识到它的发散速度到底有多慢。这个演示是在一个市中心的大剧院举办的，演示用到了很多比萨盒。

　　在演示开始前，出于好奇，我根据以上的模型计算了一下，这些比萨盒要垒多高才能完全悬空地跨过整个舞台。

　　答案竟然是5.8光年①。

————————

① 光年，长度单位，其意义正如字面意思所指：光在宇宙真空中沿直线运动一年时间所走过的距离，值大约为 9.46×10^{15} 米。

10. "太多的快乐"

积分运算，或者说微分的逆运算，通常非常有挑战性，而且需要相当的创造力。

但无穷级数可以为积分运算提供一些帮助。为了解无穷级数如何在积分运算中起作用，让我们暂时先跟着牛顿的脚步，试着计算图47中曲线下方从0到x之间阴影部分的面积。

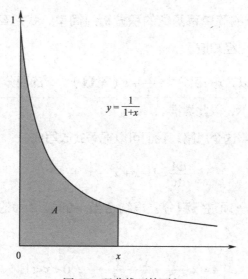

图 47 双曲线下的面积

当然，我们可以从写下下面这个式子开始。

$$\frac{\mathrm{d}A}{\mathrm{d}x} = \frac{1}{1+x}$$

但是，哪个关于 x 的函数求导后能得到 $\frac{1}{1+x}$ 呢？目前，我们在"5.微分"中积累的知识还非常有限，不能直接给出答案，也不能提供多一些的线索。

然而，还有一个办法。如果我们把函数 $\frac{1}{1+x}$ 改写为一个无穷级数：

$$\frac{1}{1+x} = 1 - x + x^2 - x^3 + \cdots, \ -1 < x < 1$$

尽管看起来可能有些不同，但实际上，这是与第55页一样的数学结果（例如，令上式 $x = \frac{1}{2}$ 得到的结果与第55页令 $x = -\frac{1}{2}$ 得到的结果是一样的）。

求 x 的简单幂函数的积分相对简单，我们在"5.微分"中已经知道了。

所以，x 的积分为 $\frac{x^2}{2} + c$（常数），x^2 的积分为 $\frac{x^3}{3} + c$（常数），以此类推。

按照这个思路，我们可以把等式改写成

$$\frac{\mathrm{d}A}{\mathrm{d}x} = 1 - x + x^2 - x^3 + \cdots$$

并对每一项进行积分。再结合当 $x = 0$ 时，$A = 0$ 的条件，可得

$$A = x - \frac{x^2}{2} + \frac{x^3}{3} - \frac{x^4}{4} + \cdots, \ 0 < x < 1$$

原则上讲，只要我们取足够多的项来进行计算，A 的结果便可以达到我们期望的精度。实际上，当 x 非常小时，累加求和的效果最好，因为后面的项会减小得非常快。

从牛顿一份非常早的手稿中可以看出，他原本就是按照上面的方法做的。实际上，他曾尝试将从 $x=0$ 到 $x=0.1$ 区域的面积算到一个看起来有些荒诞的精度。

他的原话是这样的：

在1665年的夏天，由于剑桥暴发瘟疫，我回到了林肯郡的布思比，把双曲线下的面积的值计算到了小数点后250位。

客观而言，牛顿之所以这么兴奋，是因为他发现了计算类似问题的一种通用方法，在后续的内容中我们会了解到这种方法。

即便如此，几年之后，他写道：

我羞愧地向大家坦白，那时候我做了太多这样的计算，别的事情都不做，那时候这些发明真的给我带来了太多的快乐……

11. 动力学

我们现在转到微积分早期发展的第四部分，也是最后一个部分——动力学。

首先，我们自然要回顾一下本书开头的那个正在下落的苹果。我们知道苹果下落的距离s与t^2成正比，而且两者的关系通常写成图48中所示的形式。

$$s = \frac{1}{2}gt^2$$

图 48　回顾苹果的下落

此处的字母g有特殊的意义。利用微积分，我们可以很容易地看出g表示的含义。

首先注意到苹果下落的速度v是下落的距离s随时间增加的速率，所以有$v=ds/dt$。因为t^2的导数是$2t$，所以我们得到

$$v=gt$$

因此，正如我们在本书开始时看到的那样，苹果下落的速度随时间而增大。

此外，加速度只是速度随时间增大的速率，即

$$\frac{dv}{dt}=g$$

所以g代表了由重力引起的向下的加速度，标准重力加速度约为9.81m/s^2。

速度与加速度

在讲下一部分内容之前，我需要从数学和科学层面强调一下速率和速度之间的区别。

速率只是一个数值，而速度是一个矢量，既有大小，又有方向。

所以图49示意的两个运动有同样的速率和不同的速度，因为两个运动的方向不同。

图 49　两个不同的速度

当我们开始讨论加速度的时候，速率和速度这两个概念之间的区别变得更加重要。

例如，在开车的时候，我们通常把加速度认为是速率的变化率，忽略运动的方向。但实际上，这在数学和科学上都是不准确的。加速度不是速率的变化率，而是速度的变化率。

因此，即使物体以恒定速率运动，如果它的运动方向发生变化，其加速度也将不为0，而且加速度和速度一样，是有大小和方向的矢量。

力与加速度

加速度在动力学中非常重要。原因在于，对于一个质量恒定的物体：

$$力=质量×加速度$$

这一动力学的基本定律本质上要归功于牛顿，尽管他从未以这一形式进行表述。

例如，在游乐场中，有些人可以待在一个快速旋转的巨型鼓的内壁上却不会掉下来，这是因为内壁上的巨大摩擦力"抵消"了重力。

这一摩擦力的产生是由于对每一个靠着内壁且沿圆形轨迹运动的物体，内壁会施加一个向内的指向旋转轴的作用力，即向心力。

这个向内的力产生的原因是，每个物体（以及每个人）都不停地向圆心做加速运动。这个原因乍看起来会让人觉得很奇怪。

圆周运动

当一个物体以恒定的速度v绕一个半径为r的圆运动时，它有一个指向圆心的大小为v^2/r的加速度（见图50）。

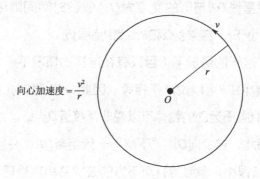

$$向心加速度 = \frac{v^2}{r}$$

图 50　圆周运动中的加速度

我们可以用一个类似微积分的方法证明这一点，即我们假设对象在某一点，然后看它在一段极短的时间后运动到了哪里。

假设在某时刻，这个物体位于P点的位置（见图51）。

如果它没有加速度，那么它必然以原来的速度沿着原来的方向运动，即沿着P点处的切线方向运动。一段时间t后，它运动了vt的距离，到达R点的位置。

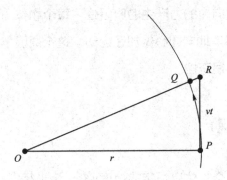

图 51 加速度 $=v^2/r$ 的证明

设直线 OR 与圆的交点为 Q。假设时间间隔 t 很小，vt 则远小于 r，结果 Q 点和 R 点离 P 点很近。

在这样的情况下（且只有在这样的情况下），两个距离 PQ 和 PR 可以说几乎相等。因此，在 t 时刻，这个以速度 v 沿圆周运动的物体可以说非常接近 Q 点。

因此，它会向 O 点"下落"一段距离 QR，并且与 r 相比，QR 很小，参考第 11 页下方的公式并稍加整理，便可以得到 $QR=(vt)^2/(2r)$。

该式可以改写成以下的形式：

$$QR = \frac{1}{2}\left(\frac{v^2}{r}\right)t^2$$

我们立刻注意到，这正是苹果下落时的公式 $s=\frac{1}{2}gt^2$，只是系数由 g 变成了 $\frac{v^2}{r}$。

这就是为什么 $\frac{v^2}{r}$ 表示圆周运动的向心加速度。

12. 牛顿与行星运动

有一个人写了一本他自己和别人都看不懂的书。

牛顿的《自然哲学的数学原理》（1687）出版后，

剑桥大学的一名学生评论道

行星运动是科学史上最伟大的故事之一，微积分的核心思想在该领域的研究中发挥了至关重要的作用——尽管是通过比较隐蔽的方式来体现的。

这一切实际上起源于古希腊时期人们对椭圆的几何形状的思考。

要画一个椭圆，先要标记两个焦点H和I，并用一个绳圈绕过它们，然后在保持绳子紧绷的情况下，不断地移动E点，如图52所示。

假如绳子很长，画出来的椭圆将会很接近圆。但是，如果绳子很短，刚好只能绕过两个焦点一点儿，那么画出来的椭圆将会又长又扁。

这看起来似乎与行星运动毫不相关，直到……

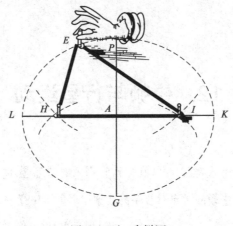

图 52　画一个椭圆

开普勒定律

1609年，在对行星运动的天文观测数据进行异常艰苦的分析之后，开普勒提出了以下定律。

①每颗行星的运行轨道都是椭圆，而且太阳处于其中一个焦点上。

②行星与太阳的连线在同样的时间间隔里扫过的面积相等。

第一条定律是关于行星运行轨道的形状的。第二条定律是关于行星沿其轨道运动时速度的变化的：行星越靠近太阳，运动速度越快，反之越慢，导致同样的时间间隔内，行星与太阳的连线扫过的面积相等（见图53）。

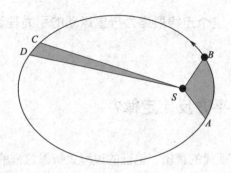

图 53　开普勒的行星运动第二定律（等面积定律）

在1619年，开普勒增加了第三条定律。

③不同行星的轨道周期T随行星到太阳的平均半径$\bar{r}$的增加而增加，T与$\bar{r}$的关系如下（见表1）：

$$T^2 正比于\ \bar{r}^3$$

表1　开普勒时代所知的6颗行星的轨道参数

	$\bar{r}$（以$\bar{r}_{地球}$为单位）	T（年）
水星	0.387	0.241
金星	0.723	0.615
地球	1.000	1.000
火星	1.524	1.881
木星	5.203	11.862
土星	9.539	29.46

虽然如今我们把开普勒定律视为科学史上的一个里程碑，但是在牛顿时代，人们对它持怀疑态度。其中，关于扫过面积的第二条定律尤其受到质疑。

但是，第三条定律即T^2正比于$\bar{r}^3$却获得了很多人的认可，这个定律最终为行星运动的引力理论指明了方向。

引力的平方反比定律?

按照现代的逻辑，论证的过程大概是这样的。

行星的运行轨道只是略呈椭圆形，假如把它近似成圆形（见图54），我们就可以利用开普勒第三定律来确定v以及$\frac{v^2}{r}$与r的关系。

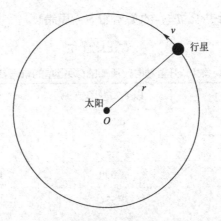

图 54　把行星轨道近似为一个圆

轨道周期（行星沿轨道运动一周所需的时间）等于轨道周长除以运行速度，即$\frac{2\pi r}{v}$。所以根据开普勒第三定律，$\frac{r^2}{v^2}$与r^3成正比例关系，也就是说，v^2必正比于$\frac{1}{r}$。

这也意味着，指向O点的加速度$\frac{v^2}{r}$正比于$\frac{1}{r^2}$。

加速度是力作用的结果，因此，这至少表明存在一个指向太阳的力，它的大小正比于$1/r^2$。

牛顿，当然还有其他人，在17世纪60年代末进行了这种计算。但是由于以下两个原因，他们计算的结果不那么准确。

首先，力与加速度（我们现在所称的概念）之间的关系尚未明确建立。

其次，尽管牛顿已经用一个与"11.动力学"中大致类似的方法发现了v^2/r这个量，但是他似乎仍对其意义存有疑问，有时把它称为"来自中心的作用"。

无论如何，有一个更严重的问题等待解决——行星的运行轨道并不真的是圆形，而是椭圆形。

牛顿重新对难题发起"进攻"

大概10年之后的1679年，牛顿重新拾起了这个问题，其中部分原因是罗伯特·胡克（Robert Hooke，1635—1703）的来信。

牛顿很快证明了如果一颗行星（可视为点P）受一个永远指向固定点S的力的作用，那么线段SP将会以一个恒定的速率扫过一定的面积，也就是在一样的时间间隔里，扫过的面积相等。

　　这个结果对于任何形状的行星的运行轨道都成立，这是一个巨大的突破。对于开普勒第二定律（如果成立的话），只要假设作用在每颗行星上的引力始终指向太阳就能解释了。

　　然而，这一重大突破本身并未提供有关这个力的大小或者它与r的关系的任何线索。

　　到了最后牛顿才证明，假如轨道是椭圆形而且太阳落在其中一个焦点上，那这个力必定正比于$1/r^2$。

　　从本书的角度来看，他如何证明这一点是非常有意思的。

　　假设行星刚开始在P点，后来运动到了Q点，但是最后，牛顿让Q点越来越靠近P点。用我们的话来说就是，假设 δt是从P点运动到Q点所需的时间，那他实际上就是令 $\delta t \rightarrow 0$。

　　换句话说，这是微积分中最基本的思想——取极限，也正是他的这一方法的核心，尽管形式上与我们如今的做法很不一样。

　　然而，正如牛顿一贯的做法，这些都是他私下独自完成的，几乎是秘密进行的，没有人真正知道，直到……

哈雷拜访牛顿

1684年8月，天文学家埃德蒙·哈雷（Edmond Halley，1656—1742）到剑桥拜访牛顿。

那时，在伦敦的咖啡店里，数学家和科学家都在热烈讨论引力正比于$1/r^2$的可能性，而哈雷想知道牛顿对这一问题的看法。

据哈雷的一位同龄人说：

在他们相处了一段时间之后，哈雷博士问牛顿，假如指向太阳的吸引力与它们的距离的平方成反比，描述行星运动的曲线是怎么样的？艾萨克爵士立刻回答道：会是一个椭圆。哈雷博士高兴得愣住了，惊讶地问他是怎么知道的，他说他已经算过了……

但是牛顿当时并没能在他的记录纸中找到实际的计算过程，便答应会尽快弄好邮寄给哈雷。

哈雷自然非常期待收到这封关于计算过程的信，但是当他的马车缓缓驶回伦敦时，他完全想不到的是，他的这次拜访最终会促使牛顿完成他的动力学巨作——《自然哲学的数学原理》。

我想，他更想不到的是，推广牛顿的动力学思想的方法——大致就是我们今天熟知的微积分，将首次出现在莱布尼茨的论文中。

13. 莱布尼茨 1684 年的论文

从现代的角度来看，莱布尼茨于1684年发表在《教师学报》上的那篇关于微积分的里程碑式的论文的确略显奇怪。

他直接跳跃到了一系列我们现在所熟知的微分基本法则上，几乎没有解释它们的意义，更没有解释它们为什么成立。

第一条法则关于函数和的微分，可以写成以下的形式：

$$\frac{\mathrm{d}}{\mathrm{d}x}(u+v)=\frac{\mathrm{d}u}{\mathrm{d}x}+\frac{\mathrm{d}v}{\mathrm{d}x}$$

虽然现在它看起来并不令人感到惊讶，但是它的确很有价值，而且在前面的内容里，我们已经用过好几次这一法则了。莱布尼茨还给出了函数差的微分，与上面函数和微分的形式等价。

在这之后，莱布尼茨给出了两个关于x的函数乘积的微分法则。

这个法则远没有第一条法则那么显而易见，而且我们现在从莱布尼茨的早期手稿中知道，他刚开始得出的结论也是错的。

乘积的微分

这一法则如图55所示，我们将用一个类似于在"5.微分"中用过的方式来证明。

$$\frac{d}{dx}(uv) = u\frac{dv}{dx} + v\frac{du}{dx}$$

图55 函数乘积的微分

首先令x增大至$x+\delta x$，u和v对应的增量分别为δu和δv。

接下来，uv的增量$\delta(uv)$可以表示为$(u+\delta u)(v+\delta v)-uv$，化简后即$\delta(uv)=u\delta v+v\delta u+\delta uv$。

等号两边除以δx后，可得

$$\frac{\delta(uv)}{\delta x} = u\frac{\delta v}{\delta x} + v\frac{\delta u}{\delta x} + \frac{\delta u}{\delta x}\delta v$$

最后，令$\delta x \to 0$，则$\delta u \to 0$、$\delta v \to 0$。根据导数的定义，并考虑到δv趋于0时$\frac{\delta u}{\delta x}\delta v$整体也趋于0，我们可以得到图55所示的法则。

假如u和v都大于0，我们可以尝试从几何的角度理解这一法则。把u和v分别看作一个矩形的两个邻边的边长，则矩形的面积为uv（见图56）。很显然，当δu和δv非常小时，面积上的微小增量基本上可以用图中两个阴影矩形的面积的和来表示，即$u\delta v+v\delta u$。这样我们

就从另一个角度理解了这一法则的数学形式。

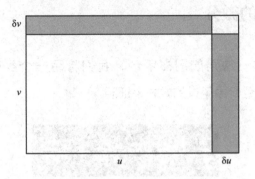

图 56　矩形稍微变大

比值的微分

两个关于x的函数的比值u/v的微分法则也可以用相似的方式推导出来。

令x增大至$x+\delta x$，此时u增大至$u+\delta u$，v增大至$v+\delta v$。因此，比值u/v的增量$\delta(u/v)$为

$$\frac{u+\delta u}{v+\delta v}-\frac{u}{v}=\frac{v\delta u-u\delta v}{(v+\delta v)v}$$

上式右边除以δx后，令$\delta x\to 0$（同时有$\delta u\to 0$、$\delta v\to 0$），我们便可得到图57所示的结果。

$$\frac{d}{dx}\left(\frac{u}{v}\right)=\frac{v\frac{du}{dx}-u\frac{dv}{dx}}{v^2}$$

图 57　函数比值的微分

　　这是莱布尼茨在1684年发表的论文中的最后一条基本法则。在"17.π与奇数"中，我们将用这一法则推导数学史上最伟大的数之———π。

x^n 的微分

　　早在"5.微分"中，我们就说明了

$$\frac{\mathrm{d}}{\mathrm{d}x}(x^n)=nx^{n-1}$$

式中n可以为任意正整数（且为一个常数）。接下来，我们可以用莱布尼茨的乘积的微分法则来证明这一结果。

　　首先，我们有下面这个重要结果：

$$\frac{\mathrm{d}}{\mathrm{d}x}(x^2)=2x$$

然后，为了求x^3的微分，我们可以把x^3看作$x^2 \times x$的积。结合乘积的微分法则，可得

$$\frac{\mathrm{d}}{\mathrm{d}x}(x^3)=2x \times x+x^2 \times 1=3x^2$$

　　利用这个结果和相同的处理办法，我们可以求x^4的微分，结果为$4x^3$。如果继续用这种方法求x的高次幂的微分，我们很快就可以理解为什么对于更大的n，这一规律也必然成立。

　　实际上，这一结果有更广的适用范围。莱布尼茨在他1684年的论文中强调，"x^n的导数是nx^{n-1}"，这一结论甚至对于指数n是分数或者负数时的情形也同样成立。

例如，由指数定律可得$x^{\frac{1}{2}}\times x^{\frac{1}{2}}=x^1$，故$x^{\frac{1}{2}}$表示一个正数$x$的算术平方根，即

$$x^{\frac{1}{2}}=\sqrt{x}, \quad x>0$$

同理，

$$x^{-1}=\frac{1}{x}, \quad x^0=1, \quad x\neq0$$

所以，我们也可以把莱布尼茨提出的法则用于求这些x的幂的微分。

对于$n=-1$，由这一微分法则得到$\frac{1}{x}$的导数是$-\frac{1}{x^2}$，这与我们在"5.微分"中得到的结论一致。

莱布尼茨与无穷小

正如之前说的，莱布尼茨的论文中并没有这些结果的推导。

论文中的结果是以另一种方式呈现的。例如，莱布尼茨把乘积的微分法则写作

$$\mathrm{d}(uv)=u\mathrm{d}v+v\mathrm{d}u$$

奇怪的是，他从未清晰地解释过像$\mathrm{d}u$和$\mathrm{d}v$这样的量的意义，但是，他在更早（大约是1680年）的一篇未发表的手稿里写道：

$$\mathrm{d}(xy)=(x+\mathrm{d}x)(y+\mathrm{d}y)-xy$$
$$=x\mathrm{d}y+y\mathrm{d}x+\mathrm{d}x\mathrm{d}y$$

并附有以下文字描述。

因为dx和dy是无穷小的，所以相对于其他项而言，$dxdy$也是无穷小的。如果忽略$dxdy$，则该式等于$xdy+ydx$……

相比之下，这本书以极限的思想为基础，而不是无穷小。由此看来，莱布尼茨的视角和本书有不小的差异。

最短时间问题

在这篇论文的最后，莱布尼茨把他的新方法应用于一个重要的实际问题。

我们用图58来重述一下这个问题。需要说明的是，这并不是莱布尼茨原本的表述。问题如下：我们怎么可以尽快地从沙滩上的点A到达海里的点B呢？

当然，从A点到B点的直线是路程最短的方案。但是如果我们跑步的速度比游泳的速度快的话，那么采用类似于图58中的方案（在沙滩上跑较长的路程、在海里游较短的路程）反而能节省更多的时间。

不管哪种情况，微积分都可以提供最后的答案：如果我们选取的角度满足以下条件，就可以令时间最短。

$$\frac{\sin i}{\sin r} = \frac{c_{沙}}{c_{水}}$$

式中$c_{沙}$是我们跑步的速度，$c_{水}$是我们游泳的速度。

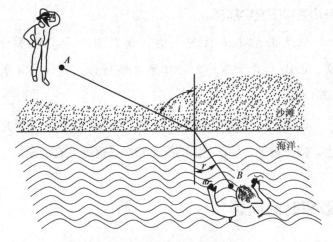

图 58　最短时间问题

实际上，在莱布尼茨的论文里引出的问题并不是一个关于跑步和游泳的问题，而是关于光传播的问题。

当光从一种介质射入另一种介质时，光会发生折射现象。而只需要把式中的 $c_沙$ 和 $c_水$ 替换成光在两种介质中的传播速度，光的入射角和折射角就可以满足同一个公式。

所以，微积分说明了光在两种介质的分界面发生折射现象时，会以最短的时间从一点传播到另一点。

到这里，有些人肯定会有这样的疑问：光怎么知道走哪条路线用时最短呢？

对于这个问题，我一直都很喜欢的物理学家理查德·费曼（Richard Feynman，1918—1988）曾给出一个有趣的（源自量子力学的）回答："它并不知道。它把所有的线路都试了一遍。"

14. "一个谜团"

微积分的出现彻底改变了数学。然而，当时很少有数学家能正确理解牛顿和莱布尼茨所做的事情。

例如，即使是伟大的瑞士数学家约翰·伯努利（John Bernoulli，1667—1748）也曾把莱布尼茨于1684年发表的论文称为一个谜团，而非一个说明。

但是伯努利坚持不懈，并且后来为许多人讲授了微积分，其中就包括洛必达侯爵（Marquis de L'Hôpital，1661—1704），他在1696年出版了第一本微积分教科书。

洛必达的著作《用于理解曲线的无穷小分析》（*Analyse des infiniment petits pour l'intelligence des lignes courbes*）有着巨大的影响力。这本书在写作上完全采用了莱布尼茨的微积分方法和符号。

顺便说一下，查尔斯·海斯（Charles Hayes）所著的《流数通论》（*A Treatise of Fluxions*）出版于1704年，是微积分最早的英语教科书之一（见图59）。

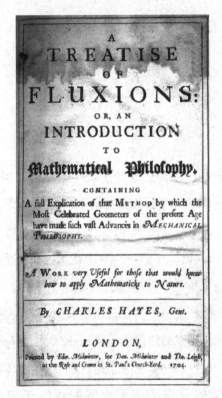

图 59　一本微积分的早期教科书（1704）

　　这本书的书名参考了牛顿对曲线运动的理解方式，因此 x 和 y 都取决于某个类似事件的变量 t。牛顿用"流数"一词来表示变量关于 t 的变化率，并用点这个符号来示意，也就是说 x 的流数表示为 $\dot{x}$，这种表示 dx/dt 的特殊符号至今还在使用。

　　正是通过像这样的早期教科书，微积分才开始传播开来。没多久，它甚至出现在一些不太可能的地方，包

括当时的一本流行杂志——《女士日记》。这本杂志有
个版面叫"欢乐和有趣的细节",包括了一些数学谜题
(见图60)。

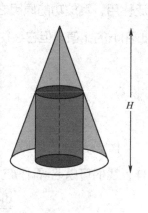

图60 《女士日记》(左图)和芭芭拉·希德威女士的问题(右图)

在1714年的一期中,芭芭拉·希德威女士提出了在
给定高度为H的圆锥中放置一个圆柱体这样的问题。在
原刊物上,它是以园艺问题的形式出现的(实际上是伪
装成这样),但它的实质是,圆柱体的高度是多少才能
使其体积最大?

最终,《女士日记》杂志从读者中收到4份正确答
案。虽然我们不能确定这些答案是通过什么方法得到

的，但微积分肯定可以给出正确答案，即 $\frac{1}{3}H$。

符号，符号……

正如我们所见，莱布尼茨的微积分符号至今仍被广泛使用，其成功的原因之一是，尽管我们不把 $\mathrm{d}y/\mathrm{d}x$ 看作 $\mathrm{d}y$ 和 $\mathrm{d}x$ 的比值，但它往往表现成这两个量的比值。

微分

假设 y 是 x 的函数，而 x 是另一个变量 t 的函数，这样，我们可以把 y 看作 t 的函数，此时对 t 求微分，可得

$$\frac{\mathrm{d}y}{\mathrm{d}t} = \frac{\mathrm{d}y}{\mathrm{d}x}\frac{\mathrm{d}x}{\mathrm{d}t}$$

这是微分中的一个重要结论，被称为链式法则。

例如，要想快速求得 $y=(t^2+1)^3$ 关于 t 的导数，可以先令 $x=t^2+1$，则 $y=x^3$。此时有 $\mathrm{d}y/\mathrm{d}x=3x^2$ 和 $\mathrm{d}x/\mathrm{d}t=2t$，再结合链式法则便可得答案为 $\mathrm{d}y/\mathrm{d}t=6t(t^2+1)^2$。

从链式法则出发，我们可以得到一个重要的结论：

$$\frac{\mathrm{d}y}{\mathrm{d}x}\frac{\mathrm{d}x}{\mathrm{d}y}=1$$

这个结论马上就要用到。

莱布尼茨还有另一个符号经受住了时间的考验。当我们想对某个关于 x 的函数求导两次，即 $\frac{\mathrm{d}}{\mathrm{d}x}\left(\frac{\mathrm{d}y}{\mathrm{d}x}\right)$，我们

可以用这一符号表示：

$$\frac{\mathrm{d}^2 y}{\mathrm{d}x^2}$$

同样，我们也会在后面的内容中用到这种表示方式。

积分

我们已经知道，积分比微分难得多。即便如此，一个好的符号还是能提供不少帮助。

这次又是莱布尼茨，他发明了著名的积分符号：$\int$。

因此，如果

$$\frac{\mathrm{d}A}{\mathrm{d}x}=y$$

我们可以把它写成另一等价的形式：

$$A=\int y\mathrm{d}x$$

读作"求y对x的积分"。

积分符号$\int$其实是字母"s"的拉长版，表示求和（sum）。式中，A表示的是关于x的曲线y与x轴之间的面积，而这一面积确实是很多小矩形的面积之和的极限，且每个小矩形的面积为$y\delta x$。

因此，如下面这个例子：

$$\int x\mathrm{d}x = \frac{1}{2}x^2 + c$$

或更一般的形式：

$$\int x^n \mathrm{d}x = \frac{x^{n+1}}{n+1} + c$$

式中c为常数，$n \neq -1$。

最后，莱布尼茨的符号对一种特别有效的积分技巧很有帮助。

这个技巧就是换元积分法，其思想是把x看成某个新变量t的函数，y也变成t的函数，这样可以把关于x的难以计算的积分转化成关于t的更容易计算的积分：

$$\int y \mathrm{d}x = \int y \frac{\mathrm{d}x}{\mathrm{d}t} \mathrm{d}t$$

莱布尼茨的符号使这一等式看起来几乎是"自然成立的"，而且很容易记住。

莱布尼茨强调使用好的数学符号，这与他广泛的哲学思想完全一致。他对此非常明确，他曾这样写信给一位朋友：

假如一个符号可以切实地描绘一个事物并简洁地描述其本质，那么这个符号会对新事物的发现提供极大的帮助……

15. 谁发明了微积分

英国皇家学会的《自然科学会报》1708年刊登了牛津数学家约翰·基尔（John Keill）的一篇论文，这篇论文的大部分内容都被人们遗忘了，除了以下这一小段基尔关于微积分的评论：

毫无疑问，牛顿爵士是首先发现（微积分）……尽管莱布尼茨先生后来在《博学通报》（*Acta Eruditorum*）上发表了同样的算法，但只是换了名字和符号……

莱布尼茨最终在1711年看到了这篇文章，他认为这是在指控他剽窃。他立即向英国皇家学会正式投诉，要求基尔对此道歉。

为此，一个专门的调查委员会成立了，但它并没有支持莱布尼茨的投诉请求。

不过，回想一下，这也并不令人惊讶，因为牛顿当时是英国皇家学会的主席。他不仅在调查委员会安插了他的支持者，甚至自己撰写了最后报告里的很多内容。

牛顿与莱布尼茨

　　实际上，谁先发明了微积分的问题已经争论了多年。

　　我们现在知道，早在莱布尼茨把注意力转到数学之前，牛顿已经在1665年到1666年得出了许多微积分的主要结果。

　　因为鼠疫肆虐，剑桥大学在那段时间里基本是关闭的，而牛顿回到了他的故乡林肯郡。对他而言，这是一段极具创造性的时期。

　　一个突出的例子就是微分和曲线下的面积之间的联系。我们如今（用莱布尼茨的符号）将此表示为

$$\frac{\mathrm{d}A}{\mathrm{d}x} = y$$

这一结果早在1666年10月就已经以另一种形式出现在了牛顿的手稿中，而这时的牛顿年仅23岁。

　　他把这些早期成果写在了他1669年所著的《运用无穷多项方程的分析》（见图61）和两年后出版的另一本更全面的著作《流数法与无穷级数》中。不过，牛顿仅让少数经过挑选的当时的数学家阅读了这些手稿。

　　然而在不久之后的1674到1679年，莱布尼茨在巴黎工作的时候取得了许多微积分上的成果。

DE ANALYSI
Per Æquationes Numero Terminorum
INFINITAS.

Ethodum generalem, quam de Curvarum quanti-
tate per Iufinitam terminorum Seriem menfuran-
da, olim excogitaveram, in fequentibus breviter explica-
tam potius quam accuratè demonftratam habes.

 A S I AB Curvæ alicujus AD, fit
Applicata BD perpendicularis: Et
vocetur AB = x, BD = y, & fint
a, b, c, &c. Quantitates datæ, &
m, n, Numeri Integri. Deinde,

Curvarum Simplicium Quadratura.

REGULA I.

Si ax^m/n = y; Erit a/m+n x^(m+n)/n = Areæ ABD.

Res Exemplo patebit.

1. Si x^2 (= 1x^2/1) = y, hoc eft, a = 1 = n, & m = 2; Erit ⅓x³ = ABD.   2. Si

图 61　牛顿的《运用无穷多项方程的分析》的第一页，这本书出
版于 1711 年

　　在1676年10月，莱布尼茨因一项外交任务到访伦
敦，而这正是发明微积分的先后次序争论的核心所在。
尽管莱布尼茨在他的伦敦之行期间并未见过牛顿，但是
他得以看到牛顿的一些早期手稿，其中就包括《运用无
穷多项方程的分析》。

　　尽管莱布尼茨在1684年成为第一位发表微积分成果
的人，但是诋毁他的人质问他在这次伦敦之行以及与牛
顿本人偶尔且谨慎的书信往来中收集到了什么信息。

最多疑的脾气

　　如果牛顿在更早的时候把他在微积分上做的工作全部发表出来，那整个关于微积分发明者的争论就可以避免了。

　　那么为什么他没有这么做呢？

　　一些学者把这归咎于1666年伦敦大火过后低迷的图书贸易。但是，绝大多数学者认为这是牛顿自己极度内向和神秘的性格造成的。

　　据一位同时代的人说："这是我见过的最惶恐、最谨慎、最多疑的性格。"甚至牛顿本人也承认自己对争论有着几乎病态的恐惧，尤其是在出版问题上的争论。

　　尽管如此，这个争论还有其他荒诞之处。

　　微积分毕竟不是凭空出现的。正如我们在前面所说的，微积分的诞生很大程度上要归功于阿基米德、笛卡儿、费马和沃利斯所做的前期工作，更不用说艾萨克·巴罗所做出的贡献。莱布尼茨和接任了巴罗成为卢卡斯数学教授的牛顿所做的是集百家之长，把微积分作为一个关于微分、积分及其基本定理的完整学科建立起来。

　　如今，绝大多数数学史家的看法是他们以不同的方式独立完成了这项工作。

"他们完全改变了问题的重点……"

两个方法之间明显的差别也许在于无穷级数在其中所发挥的作用不同。

牛顿把无穷级数用作一个辅助积分计算的工具，类似我们在"10.'太多的快乐'"中所做的。

$$(1+x)^n = 1 + nx + \frac{n(n-1)}{1 \times 2}x^2 + \frac{n(n-1)(n-2)}{1 \times 2 \times 3}x^3 + \cdots, -1 < x < 1$$

这一等式被称为二项级数，这几乎被牛顿看作他的秘密武器。当 n 为正整数时，这一等式对于 $-1 < x < 1$ 范围内任意的 x 都成立。因为第 $n+1$ 项之后的项的系数均为零，所以这一等式的右边只会有 $n+1$ 项。

但是在牛顿的一项备受称赞的早期数学研究成果中，他发现这一等式作为一个无穷级数对于 n 为分数甚至负数也成立。

因此，令 $n=-1$ 便可以得到函数 $\frac{1}{1+x}$ 的无穷级数展开式——正如我们在第62页所见的。而令 $n=\frac{1}{2}$ 则可以得到 $\sqrt{1+x}$ 的无穷级数展开式。

牛顿大量地使用二项级数，我们甚至很难看到他不用这一方法解决我们现在所称的微积分问题。

另外，对于莱布尼茨来说，无穷级数在微积分中的地位远没有那么重要。我们可以在他关于争论的报告一事给英国皇家学会的回信中看到类似的想法：

他们在出版物中完全改变了问题的重点……人们根本找不到任何关于微分学的内容，反而每一页的内容都是他们所称的无穷级数……

有点讽刺的是，在莱布尼茨的手中诞生了一个令人震惊的无穷级数（见图62）：

$$1-\frac{1}{3}+\frac{1}{5}-\frac{1}{7}+\cdots=\frac{\pi}{4}$$

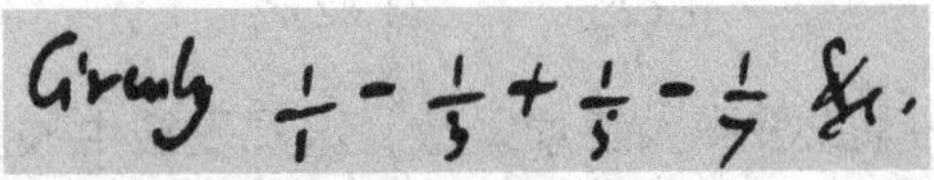

图 62　著名的莱布尼茨级数，摘自莱布尼茨写于

1676 年的一封信

到这里，我们几乎已经准备好看看这一奇数与圆的惊人关系是怎么得到的了。

只是几乎……

但还差一点点……

16. 圆形环绕

在数学中，有一些振荡函数。其中最著名的例子便是$\sin\theta$和$\cos\theta$，它们拥有一个惊人的特性，即它们几乎是——但不完全是——彼此的导数（见图63）。

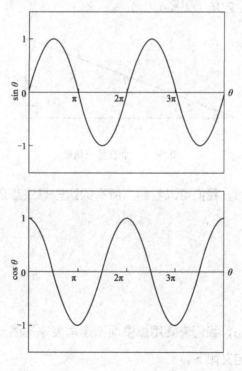

图63　函数$\sin\theta$和$\cos\theta$

$$\frac{d}{d\theta}(\sin\theta) = \cos\theta$$

$$\frac{d}{d\theta}(\cos\theta) = -\sin\theta$$

图 63　函数 $\sin\theta$ 和 $\cos\theta$（续）

这可能是一件令人惊讶的事情，因为我们大多数人是通过三角学首次接触 $\sin\theta$ 和 $\cos\theta$ 的，其中 θ 是直角三角形的一个内角（见图64）。

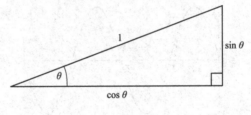

图 64　一个直角三角形

然而，我们可以看到，所有的这些想法都是相互关联的。

角度

首先，我们需要用弧度而不是角度来描述一个角。弧度的定义如下。

　　先作一个圆，然后沿着圆周移动一段距离r，r为半径的长度（见图65）。

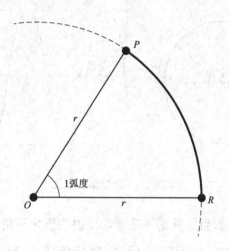

图 65　弧度的定义

　　根据定义，这将画出一个1弧度的角，大约为57.3°。

　　同样，

$$\frac{\pi}{2}弧度=90度$$

因为这二者都对应着圆周的$\frac{1}{4}$，即$\frac{1}{2}\pi r$的距离。

振荡

　　现在以半径为1作一个圆，如图66所示。想象P点从R点开始沿着圆周不停地运动，因此，P点转过的角度θ不断增大。

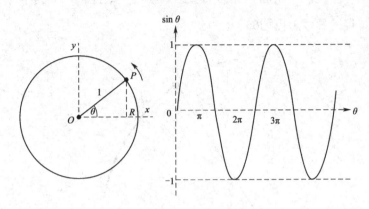

图 66　不停振荡的 $\sin\theta$

我们暂且抛开初等几何学里讲的直角三角形。现在对任意的 θ，我们把 $\cos\theta$ 和 $\sin\theta$ 分别定义为 P 点的横坐标和纵坐标。

因此，如果 P 点从 R 点（即 θ=0°处）开始做逆时针运动，则纵坐标的值（也就是 $\sin\theta$）会从0开始增大。当转过 $\frac{1}{4}$ 圈之后，$\theta=\frac{\pi}{2}$，$\sin\theta$ 增大为1。而之后的 $\frac{3}{4}$ 圈，$\sin\theta$ 的值先减小为0，再减小为-1，然后增大为0，此时 $\theta=2\pi$。在这之后，P 点沿着圆周再绕行一圈，θ 从 2π 增大到 4π，而 P 点的横坐标 $\cos\theta$，同样会随着 θ 的增大进行同样的变化，只不过它与 $\sin\theta$ 的变化相差 $\frac{\pi}{2}$（见图63）。

这就是 $\sin\theta$ 和 $\cos\theta$ 随着变量 θ 的稳定增大而不断振荡的形式及原因。

自然而然地，从微积分的角度出发，我们最关心的问题是它们以怎样的速率振荡。

变化的速率

现在想象一个沿着圆周运动的点 P，其运动过程可表示为 $\theta=t$，其中 t 表示时间，如图67所示。

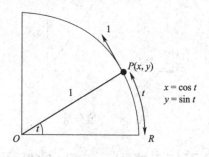

图 67　怎么表示变化的速率

此时，$\dfrac{\mathrm{d}x}{\mathrm{d}t}$ 和 $\dfrac{\mathrm{d}y}{\mathrm{d}t}$ 可分别表示为 $\dfrac{\mathrm{d}}{\mathrm{d}t}(\cos t)$ 和 $\dfrac{\mathrm{d}}{\mathrm{d}t}(\sin t)$。这里用一个很简单的方法推导出它们变化的速率。

在一个单位圆中，用弧度表示角度有一个突出的优点：P 点运动的距离 PR 不仅仅与 $\angle POR$ 成比例，实际上它也等于 $\angle POR$ 的大小 t。所以点 P 在时间 t 内运动的距离为 t，也就是说点 P 是以单位速度沿着圆周运动的。它的速度大小每时每刻都等于1，方向都是沿着其切线方向。

又因为圆上过 P 点的切线垂直于半径 OP，所以 P 点运动的方向会与y轴有一个夹角t（见图68）。

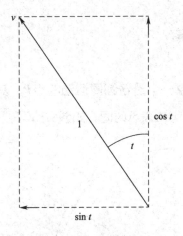

图 68　速度分量

通过对运动的分解可知，P点以图68所示的速度1运动等价于以$\sin t$的速度沿着x轴的负方向运动，并同时以$\cos t$的速度沿着y轴的正方向运动。因此可得$\frac{dx}{dt}=-\sin t$和$\frac{dy}{dt}=\cos t$。

因此：

$$\frac{d}{dt}(\sin t)=\cos t$$
$$\frac{d}{dt}(\cos t)=-\sin t$$

正如我们在本部分开头所说的那样，$\sin\theta$和$\cos\theta$几乎是彼此的导数。

正如我们看到的，这些思想对于几乎所有涉及振荡的物理问题来说都是至关重要的。

但是，令人惊讶的是，也许它们也提供了解开莱布尼茨级数之谜的钥匙。

17. π与奇数

你发现了圆的一个非凡的性质，这将在几何学者之间流芳百世。

摘自克里斯蒂安·惠更斯（Christiaan Huygens，
1629—1695）1674年写给莱布尼茨的一封信

级数是数学史上最卓越的成果之一，它将π和奇数联系起来（见图69）。现在，我们终于可以解释这一级数的由来了。

$$\frac{\pi}{4} = 1 - \frac{1}{3} + \frac{1}{5} - \frac{1}{7} + \cdots$$

图 69　莱布尼茨级数

这一级数的发现历史让人有点好奇。莱布尼茨在1682年的《教师学报》上发表了这一成果，这是它在出版物上的首次亮相，但是莱布尼茨当时并没有给出

任何推导或者证明过程。不仅如此，实际上早在大约
1674年，莱布尼茨在巴黎工作期间就已经发现了这一结
果。更有甚者，苏格兰数学家詹姆斯·格雷果里（James
Gregory，1638—1675）可能在那更早的几年前就已经有
此发现。

　　而早在莱布尼茨和格雷果里发现这一级数的3个世
纪之前，印度喀拉拉邦的数学家们就已经知晓这一结
果。现在普遍把这一成果归功于喀拉拉邦天文与数学
学院的创建者马德哈瓦（Mādhava）。然而他们所使用
的方法稍有差异，莱布尼茨所使用的方法具有更强的几
何性。

　　无论如何，如果要利用微积分看看 π 是怎么和奇数
建立起联系的话，我们需要用到目前所学的所有重要知
识。为了使大家能清晰理解，以下分步骤来阐明论证的
过程。

寻找 π/4······

　　假设 x 和 θ 有以下关系，且此关系对于0到π/4之间所
有的 θ 都成立。

$$x = \frac{\sin\theta}{\cos\theta}$$

我们可以画出它们的关系曲线（见图70）：

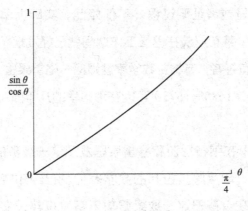

图 70　函数 $\dfrac{\sin\theta}{\cos\theta}$

　　首先，我们可以发现当 $\theta=0$ 时，$x=0$。而且随着 θ 的增大，$x=\dfrac{\sin\theta}{\cos\theta}$ 的值也逐渐增大，直到 $\theta=\dfrac{\pi}{4}$，此时 $x=1$。

　　这是因为 $\dfrac{\pi}{4}$ 弧度对应的角度是 45°，而这时候定义 $\sin\theta$ 和 $\cos\theta$ 的直角三角形同时是一个等腰三角形，两短边相等（见图71）。

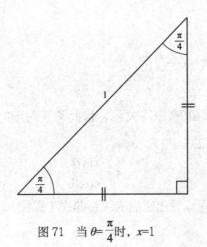

图 71　当 $\theta=\dfrac{\pi}{4}$ 时，$x=1$

至此，$\dfrac{\pi}{4}$ 作为一个令 $x=\dfrac{\sin\theta}{\cos\theta}=1$ 的特殊值被引入我们的论证中。

寻找一个无穷级数

接下来，微积分就开始发挥它的作用了。我们可以把整个推导过程分为6个小的步骤。

第一步，求以下表达式的导数：

$$x=\frac{\sin\theta}{\cos\theta}$$

利用图63和图57中对比值求导的莱布尼茨链式法则可得

$$\frac{\mathrm{d}x}{\mathrm{d}\theta}=\frac{\cos\theta\cos\theta-\sin\theta(-\sin\theta)}{(\cos\theta)^2}$$

第二步，利用关系式 $x=\dfrac{\sin\theta}{\cos\theta}$ 改写上式等号右边的项：

$$\frac{\mathrm{d}x}{\mathrm{d}\theta}=1+x^2$$

第三步，利用莱布尼茨链式法则（见第86页）将上式改写成以下形式：

$$\frac{\mathrm{d}\theta}{\mathrm{d}x}=\frac{1}{1+x^2}$$

这样我们可以把 θ 看作 x 的函数，而不是把 x 看作 θ 的函数。

第四步，把 $\dfrac{1}{1+x}=1-x+x^2-x^3+\cdots$ 中的 x 换成 x^2，利

用得到的无穷级数对等式的右边进行展开，即

$$\frac{\mathrm{d}\theta}{\mathrm{d}x}=1-x^2+x^4-x^6+\cdots$$

该式对于所有满足$x^2<1$的x都成立。

第五步，再次运用微积分，对上式关于x积分可得

$$\theta=x-\frac{x^3}{3}+\frac{x^5}{5}-\frac{x^7}{7}+\cdots$$

其中因为当$\theta=0$时，$x=0$，所以可得积分常数为0。

第六步，正如我们在第104页得到的，当$\theta=\frac{\pi}{4}$时，$x=1$。把对应的值代入上式，我们便可以得到著名的莱布尼茨级数，如图72所示。

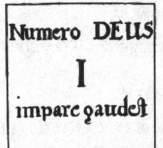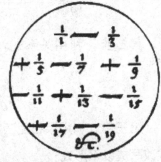

图 72　莱布尼茨 1682 年的论文插图

在结束这一部分前，我想做几点补充说明。

首先，我们所做的最后一步是不太严谨的。正如我们在第四步中提到的，该式的成立条件是$x^2<1$，然而在第六步中x是等于1的。当然，我们可以证明这一替换

是成立的，但是这需要一个更严谨和更具技巧性的证明
过程。

其次，这并不完全是莱布尼茨的解法，他的解法具
有更强的几何性。他在1676年8月（间接）寄给牛顿的
一封信中阐释了他的解法。附带说一句，尽管牛顿煞费
苦心地指出：

y° 级数……准确地说……是区别于莱布尼茨先生的 y'
级数的另一个级数。

莱布尼茨立即用一个类似的级数予以回击：

$$\frac{\pi}{2\sqrt{2}} = 1 + \frac{1}{3} - \frac{1}{5} - \frac{1}{7} + \frac{1}{9} + \frac{1}{11} - \cdots$$

最后，我们必须面对一个事实（讽刺的是，这是牛
顿指出的），莱布尼茨级数并不能在实际计算π的时候发
挥作用，因为它收敛的速度实在是太慢了，甚至在计算
了300项之后，它的精度还不及阿基米德所给出的近似
值22/7，而这一近似值的出现比莱布尼茨级数早了几乎
2000年。

尽管有很多无穷级数能更快地收敛到一个与π相关的
数，但在我看来，它们都远比不上莱布尼茨级数那令人
惊叹的优雅和简洁。

18. 受到攻击的微积分

莱布尼茨于1716年去世，除了他的几个朋友和秘书以外，没有人参加他的葬礼。对于世界上最伟大的数学家和哲学家之一来说，这真是一个奇怪的结局。

11年后，牛顿也去世了。

因此，继续发展微积分的重任就落到了其他人的肩上。不仅如此，还有一个涉及整个学科逻辑基础的严肃问题亟待解决。

1734年，爱尔兰克洛因地区的当选主教乔治·伯克利（George Berkeley）在所写的文章《分析学家：或致一位不信神的数学家》（见图73）中尖锐地提出了这一根本性的问题。关于文章中 "不信神的数学家"，目前普遍认为他指的是哈雷，而哈雷正是一位著名的不可知论者。

在这本书中，伯克利实际上是在向那些认为宗教理论基础不稳的数学家们发出挑战，认为他们应该先强化自己的学科理论基础。

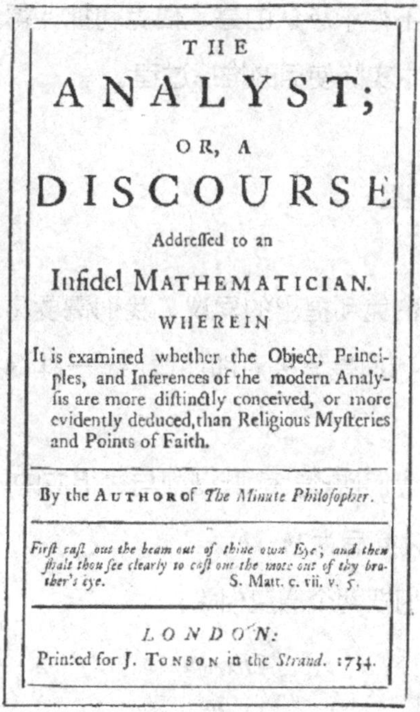

THE

ANALYST;

OR, A

DISCOURSE

Addreſſed to an

Infidel MATHEMATICIAN.

WHEREIN

It is examined whether the Object, Princi-
ples, and Inferences of the modern Analy-
ſis are more diſtinctly conceived, or more
evidently deduced, than Religious Myſteries
and Points of Faith.

By the AUTHOR of *The Minute Philoſopher.*

*Firſt caſt out the beam out of thine own Eye; and then
ſhalt thou ſee clearly to caſt out the mote out of thy bro-
ther's eye.*   S. Matt. c. vii. v. 5.

LONDON:

Printed for J. TONSON in the *Strand.* 1734.

图 73　伯克利的著作《分析学家：或致一位不信神的数学家》

　　他甚至质疑在微积分中用到的一些概念是否真的存
在。例如，在《分析学家：或致一位不信神的数学家》
中最著名也最常被引用的是他对牛顿整个流数思想的讽
刺言词。

　　这一思想需要用到牛顿所称的"转瞬即逝的增
量"，伯克利批判道：

　　这些"转瞬即逝的增量"到底是什么？它们既不是
有穷量，也不是无穷小量，甚至什么都不是。也许我们
可以把它们称为"逝去量的鬼魂"。

　　但是，不得不承认的是，伯克利批评得最尖锐之处正是微积分中实际使用的推理过程。

重温变化率

　　要明白伯克利提出的异议，我们需要重新从代数层面上来看看我们是怎么对即使像$y=x^2$一样简单的函数进行微分的。

　　首先，我们使x增大到$x+h$，与之相应的y的增量就是$(x+h)^2-x^2$，化简后为$2hx+h^2$。

　　然后我们把两个增量相除：

$$\frac{2hx+h^2}{h} \tag{i}$$

消去公因子h得

$$2x+h \tag{ii}$$

　　最后，忽略（或者像牛顿说的"抹去"）最后一项后便可得到

$$2x \tag{iii}$$

这就是x^2的导数。

　　但是伯克利立即问道：h到底等不等于0？假如h等于0，那式(i)就不成立，因为除数不能为0。但是，假如h不等于0，那么从式(ii)到式(iii)的推导过程就是错误的。

　　在伯克利看来，我们似乎在吃自己做的蛋糕。这可

以说是最自相矛盾的论证了。

而且对于当时把 h 认为是"无穷小"的标准解释,伯克利同样不以为然:

现在设想一个无穷小的量,也就是说,它小于任何可感知的或可想象的量……我承认,这超出了我的能力范围。

他就是不相信会有这样一种存在。

牛顿和莱布尼茨真的相信"无穷小"吗?

我们已经知道,莱布尼茨在大约1680年的时候提及过"无穷小"的概念(见第80页)。

同样,牛顿也把这一想法运用到了他的早期微积分工作中,即使他明显对此感到不安。很快,这一不安在1665年的一份手稿中就体现出来了。他认为他正在做的数学运算是不合理的,除非无穷小量能用几何知识来理解。

然而,随着时间的流逝,他们两人都放弃了这一想法。例如,在《自然哲学的数学原理》(1687)的第一版中,牛顿写道:

我并不认为数学量是由极小的量组成的,但是我认为它是由一种连续的变化产生的……

后来,莱布尼茨在1706年的一封信中写道:

从哲学层面上说,和无穷大量一样,我同样也不相信无穷小量的存在……我认为这两者只是脑子为了简洁地表达事物而假想出来的。

通过这种方式，牛顿和莱布尼茨都清楚地意识到，他们这种机智的（不过通常也是复杂的）反证法推理缺少了古希腊人的严谨。

但是，特别是对于莱布尼茨来说，这种严谨并不是重中之重。对他来说，更关键的问题在于"微积分是否能给出正确的答案"，甚至更重要的是"它是否能引发新的发现"。

极限

我想在这里回顾一下对$y=x^2$的求导。

当然，我们并不是通过令$h=0$而从$2x+h$得到$2x$的，我们是取当h趋于0时，$2x+h$的极限。

但我想，伯克利会立刻问我们，这到底是什么意思。

无论如何，数学家们的确花费了很长的时间才给整个"极限"的概念建立了一个严谨的理论基础——我们在后文会有所介绍。

与此同时，微积分取得了飞速的发展，因为它能有效发挥作用了。

19. 微分方程

在我看来……和艾萨克·牛顿爵士以及他的一些同行相比，一些最近的外国数学家更能在自己的研究中钻研得更细致、更深入。

英国数学家托马斯·辛普森写于1757年

下一位登场的学术巨人是莱昂哈德·欧拉（Leonhard Euler，1707—1783）。

欧拉是瑞士人，师从约翰·伯努利，但他绝大部分的数学生涯是在柏林和圣彼得堡度过的。

他的一位同事说："和通常人们认为的伟大的代数学家的形象不一样的是，欧拉没有孤僻的性格和怪异的行为习惯，他更多是活泼开朗的。"

同时，他也是成果最为丰富的数学家之一，以至于圣彼得堡科学院在他逝去后的50多年间一直在出版他遗留下来的科学论文。

他做出的几项最重要的贡献都在动力学领域。在牛顿开创性的工作的基础上，欧拉为一种现在依然广泛使用的动力学方法奠定了基础。而在这种方法中，一个关键思想就是用微分方程表示物理问题。

在微分方程中，微分表示的是某些量的变化率之间的关系。因此，我们的任务就是确定这些量是怎么随着时间变化的。

为了更好地说明这一点，我们来看一个古老的科学问题。

单摆

一个重物系在一定长度的绳子末端就是一个最简单的单摆。而这样一个单摆的小范围振荡由图74中的微分方程控制。

图 74　表示一个单摆的小范围振荡的微分方程

式中的 θ 表示 t 时刻单摆和竖直方向的夹角（用弧度表示），l 表示单摆的长度，g 表示由重力产生的加速度（9.8m/s^2）。

其实，这个方程本质上表示的是在垂直于绳子的方向上运动的基本方程：力=质量×加速度。

　　无须过于深入理解图74中左边这一等式的由来，我们也可以发现等式右边的值与θ成比例，而且这一项是由重力产生的。这一项的符号为负是因为所受的力总是试图使单摆朝着下垂状态（即$\theta=0$的方向）运动。

　　另外，等式左边表示的是加速度，而正如在"14.'一个谜团'"中介绍的，$\dfrac{\mathrm{d}^2\theta}{\mathrm{d}t^2}$表示的是$\theta$的二阶导数。而我们现在的任务就是通过解这个方程来确定角度θ和时间t之间的关系。

问题的本质

　　接下来，面对以下方程

$$\frac{\mathrm{d}^2\theta}{\mathrm{d}t^2} = -\frac{g}{l}\theta$$

自然地，我们的第一反应很可能是"关于t积分两次"。

　　但是这样会遇到一个问题，而且是一个比较严重的问题。

　　在这里，问题不是等式右边是关于t的复杂函数，使关于t的积分很难进行。问题是等式右边根本就不是以关于t的形式给出的，而是以关于θ的形式给出的。而我们要求的正是角度θ和时间t之间的关系，既然不知道这两者之间的关系，我们就没有办法对等式右边关于t积分。

　　这就是一个典型的微分方程，也正因如此，求解微分方程是一项极具技巧性的工作。

方程的解

　　在这个特定的问题上，我们其实并不是完全不知道角度θ和时间t之间的关系。我们知道单摆在运动中是振荡的。

　　我们在"16.圆形环绕"中知道函数$\cos t$和$\sin t$是振荡的。因此，我们可以自由发挥一下，试一下以下形式的解是否合理。

$$\theta = A\cos\omega t$$

式中A和ω都是常数。A描述的是振荡的幅度（假定很小），而ω描述的是振荡的快慢程度。

　　利用莱布尼茨的链式法则对图63中的结果进行拓展便可得

$$\frac{d}{dt}(\cos\omega t) = -\omega\sin\omega t$$

$$\frac{d}{dt}(\sin\omega t) = \omega\cos\omega t$$

　　结合这一结果，对$\theta=A\cos\omega t$求两次导数后可得

$$\frac{d^2\theta}{dt^2} = -A\omega^2\cos\omega t = -\omega^2\theta$$

突然间，我们发现如果 $\omega = \sqrt{g/l}$，那么我们假设的解θ就是原方程的解，即

$$\theta = A\cos\left(\sqrt{\frac{g}{l}}\,t\right)$$

而实际上，这正是当单摆在$t=0$从静止开始运动，运动到最高点且与竖直方向的夹角为A时，该单摆运动微分方程的解。

振荡周期

到这时，有一个明显的问题要解决：完成一次完整的振荡需要多长时间？

我们很容易就可以知道答案，因为我们在"16.圆形环绕"中已经知道每当x增加2π，函数$\cos x$就完成一次完整的振荡。

因此，单摆完成一次完整的振荡所需的时间为

$$T = 2\pi\sqrt{\frac{l}{g}}$$

这是物理学中最古老且最著名的等式之一。通过上面的内容，我们已经知道怎么从牛顿第二定律（力=质量×加速度）和微积分中得到这一结果了。

值得注意的是，常数A具体为多少并不重要，只要保证振荡的幅度很小，振荡的周期便与常数A无关。

当然，最引人注目的结果是T原来与长度l的平方根成比例。

这一规律由伽利略在大约1609年通过他的一个著名的实验发现。我们可以跟随着他的步伐，大致重现这一实验。

要重现这一实验，首先需要让一个单摆摆起来，然后每当单摆到达两边的最高点的时候记一次时间（计时间隔为振荡周期的一半）。

接下来，把绳子缩短为原来的$\frac{1}{4}$，以原来的计时间隔进行同样的实验。

当单摆摆起来之后，你会发现，在原来的计时间隔中，单摆会完成一次完整的振荡。

20. 微积分与电吉他

虽然微分方程是理解现实世界的关键，但它通常和我们见过的所有东西都不一样。

这是因为，在绝大多数时候，我们想确定的量通常是受多个变量影响的。

例如，当你拨动一根吉他弦的时候，吉他弦上一点的偏移量y明显不仅取决于时间t，还取决于该点到弦一端的距离x（见图75）。

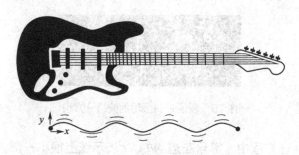

图 75　吉他弦的振动

也就是说，y是一个自变量为t和x的二元函数，因此我们需要用到微积分中更加复杂的部分——偏微分：

$$\frac{\partial y}{\partial t} \text{和} \frac{\partial y}{\partial x}$$

第一个符号表示的是对于一个固定的x值，y关于t的变化率，也就是弦在某一特定点处的振动速度。

类似地，$\partial y/\partial x$表示的是对于一个固定的t值，y关于x的变化率。因此它代表了特定时刻弦的斜率，就好像我们正在拍摄"快照"一样。

而使用一个不同的符号∂——像是一个弯曲的d——是在提醒我们这是在对一个多元函数进行微分。

波动方程

假设吉他弦因为绷紧而受到的张力为T，单位长度的质量（近似为密度）为ρ。此时，偏移量y符合以下微分方程（见图76）。

$$\frac{\partial^2 y}{\partial t^2} = \frac{T}{\rho}\frac{\partial^2 y}{\partial x^2}$$

图 76　表征弦的振动的偏微分方程

在方程中，等号左边的$\partial^2 y/\partial t^2$表示弦上很小一部分的加速度，而等号右边的则是（每单位质量上）引起这一加速度的力。

为了理解为什么力以这样的形式出现，想象一下在某一时刻给吉他弦的一小段拍一张照片。如果$\partial^2 y/\partial x^2 > 0$，那么在这一时刻，弦的斜率$\partial y/\partial x$会随着$x$的增大而增大，所以这一小段吉他弦会稍微"向上弯曲"（见图77）。

图77　一小段吉他弦上所受的力

　　图中弦的右侧受到的向上的拉力稍大于左侧受到的向下的拉力，因此受到的合力方向向上，也就是y轴的正方向。

　　总而言之，正是因为这一小段吉他弦的弯曲，我们得到了在偏微分方程中看到的合力。

　　这一方程又被称为波动方程，最早由让·勒朗·达朗贝尔（Jean le Rond D'Alembert，1717—1783）于1747年推导得到并求解。在他求得的解中最引人注目的特点是引入了行波的概念。行波是沿弦传播的扰动，也就是沿着x轴传播，它并不改变弦的形状（见图78）。

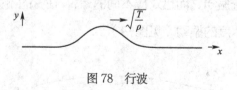

图78　行波

　　此外，行波传播的速度为$\sqrt{T/\rho}$。也就是说，弦受到的张力T越大，行波的传播速度越大。实际上，行波在吉他弦上的传播速度非常快，快到几乎无法观测。我们可以在松弛的晾衣绳上看到行波的传递，因为晾衣绳的T/ρ通常会小很多。

振动的弦

但是，为了理解吉他弦为什么能产生声音，我们需要仔细分析一下这一方程的另一种解法。

假设总弦长为l，弦从$x=0$延伸到$x=l$且两端固定，则在这两处有$y=0$。

$$\frac{\partial^2 y}{\partial t^2} = \frac{T}{\rho} \frac{\partial^2 y}{\partial x^2}$$

以上这一偏微分方程的最简单的解具有以下形式：

$$y = A\sin\frac{\pi x}{l}\cos\omega t$$

式中，ω为一个常数，接下来我们会对ω进行仔细的讨论。

从解的形式中我们可以看出，弦会以$2\pi/\omega$为单一的周期进行振动，而且对应不同的x值，在弦的不同地方会有不同程度的振动（见图79）。

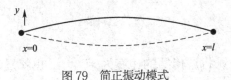

图 79　简正振动模式

正如假设中要求的，因为sin0=sinπ=0，所以y在两端即x=0和x=l处总为0。

这种在任一时刻，整条弦上每一点的运动方向均朝着同一个方向的运动被称为简正振动模式。而这种模式的振动频率，也就是单位时间内振动的次数

$$\frac{\omega}{2\pi} = \frac{1}{2l}\sqrt{\frac{T}{\rho}}$$

如果我们像在"19.微分方程"的单摆问题中所做的一样，把y的表达式代入微分方程中，就可以很快地得到这一结果。

对某一给定的吉他弦，其张力T和密度ρ通常都是一个定值，所以对于频率的表达式而言，我们最关心的特点是频率与1/l成比例。当按住吉他的某一品的时候，实际上弦的振动部分会变短，这就是为什么这样做时会产生一个更高的音。

特别的情况是，当按住的是第十二品的时候，弦的长度l会变成原来的一半，因此弦的振动频率也会变成基频的两倍。这就解释了为什么此时的音调比空弦的时候高一个八度。

不过，简正振动模式只是一系列振动模式中的第一个（见图80）。

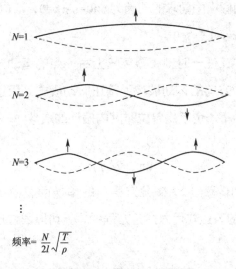

$$频率 = \frac{N}{2l}\sqrt{\frac{T}{\rho}}$$

图 80　更多的振动模式

　　出人意料的是，每个模式下的振动频率都是基频的整数倍。同样，这是微分方程本身的特点，尽管两端的条件也起着至关重要的作用。这是因为，对于这些更复杂的振动模式，y 与 $\sin\dfrac{N\pi x}{l}$（N 为单位时间内弦振动的次数）成正比。

　　特别是当 $N=2$ 时，弦的两半在任意时刻分别朝着两个相反的方向运动，振动频率是基频的两倍，因此音调也高一个八度。

　　实际上，当我们拨动一根吉他弦的时候，它发出的声音通常是由所有这些不同模式下发出的声音混合而成的。虽然通常简正振动模式，也就是 $N=1$ 的振动占比较大，但是我们也可以通过在更靠近固定端的地方拨动琴弦来提高高音的占比，此时发出的声音会更尖锐，变得没那么厚润。

除此之外，还有很多流行吉他手所熟知的专业弹奏方法，这些方法可以降低某些振动模式的占比，并使另一些振动模式更突出。用这些特别的方法在弦上选择弹奏的位置时，不少用到了高阶振动模式中的节点（也就是保持静止的点）。

不过，更多的时候是由弹奏者人为地制造一个合适的节点来达到选择振动模式的目的——如果运气好的话。

21. 可能的世界中最好的版本

大自然是以最简捷、最迅速有效的方式运作的。

皮埃尔·德·费马（Pierre de Fermat,
1601—1665），1662

我们所在的世界是"可能的世界中最好的版本"，这是莱布尼茨在哲学领域中提出的最充满争议的想法之一。1759年，伏尔泰在他的讽刺小说《老实人》中批判了这一观点。

即便如此，我们的世界可能是最好的这一想法在当时（在某种意义上）也的确有一定的科学可信度。

例如，早在1662年，费马就已经提出光从一点到另一点总是沿着所需时间最短的路径传播。不仅如此，正如我们在"13.莱布尼茨1684年的论文"中所见的，莱布尼茨本人用他崭新的微分学证明了，光在平面边界处发生折射时，的确是沿最短路径传播的（见图81）。

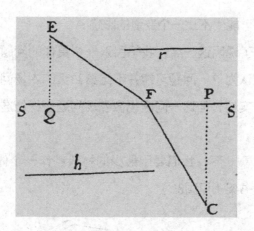

图 81　莱布尼茨 1684 年的论文中关于光的折射现象的插图

虽然反对的人很快就指出一些不符合这一规律的例子，例如光在一个凹球面镜上的反射现象，但这并没有阻止类似的想法进一步出现。到18世纪中叶，不仅这种想法进入了力学领域，人们还在光学领域发现了它们的踪影。

不出所料，这些想法引发了人们关于最优化问题的兴趣。

不过，为了更好地理解这一问题，我们需要在"6.最大值和最小值"的基础上拓宽我们的思路。

最优化问题的拓展

首先，我们需要明确一点，我们希望最大化或最小化的量可能受不止一个变量的影响。

　　为了说明这一点，我想引入一个具体的问题。虽然我个人认为这一问题可能并不比第33页的农场问题有更高的真实性，但这一问题也像农场问题一样能准确地说明要点。

　　想象一下，我们要用最少的材料制作一个体积为V的双层书架（见图82）。

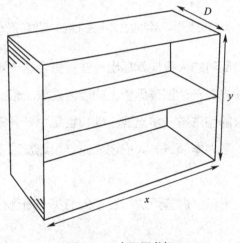

图 82　一个双层书架

　　设书架的宽度为x，高度为y，深度为D，则书架的总表面积为$A=xy+2yD+3xD$。如果利用体积的表达式$V=xyD$消去面积表达式中的D，可得

$$A = xy + \frac{2V}{x} + \frac{3V}{y}$$

为了尽量节省材料，我们希望让A能取到最小值。

换句话说，我们要做的是求一个关于x和y的二元函数的最小值。

而要求这个函数的最小值，我们可以分别求两个偏导数并令它们同时为0，即

$$\frac{\partial A}{\partial x} = y - \frac{2V}{x^2} = 0$$

$$\frac{\partial A}{\partial y} = x - \frac{3V}{y^2} = 0$$

由此我们可以得到关于未知数x和y的两个方程。结合已知的表达式$V=xyD$，便可以求得书架的宽度、高度和深度之比为2:3:1。

这恰好就是我们书架问题的答案，但是普遍的情况通常远比这复杂。

假设z为关于x和y的一个二元函数，从几何的角度上，我们可以把它看成空间内的一个面。对于图83中的3个函数，它们都满足当$x=0$且$y=0$时，函数的这两个偏导数同时为0。但不同的是，第一个函数在这一点上取得最小值，第二个函数在这一点上取得最大值，而第三个函数在这一点上既不是最大值也不是最小值，此时第三个函数中的坐标原点常被称作"鞍点"。

和第33页的最优化问题一样，令导数为0并不是求最值的全部内容。

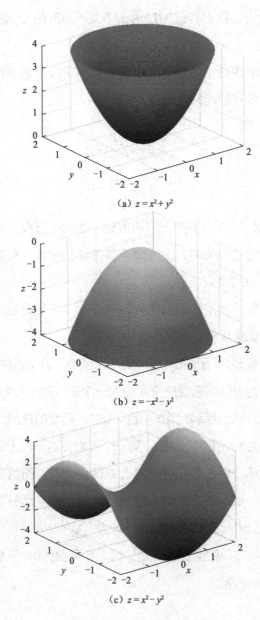

(a) $z = x^2 + y^2$

(b) $z = -x^2 - y^2$

(c) $z = x^2 - y^2$

图 83　一些二元函数的图像

变分法

假如我们要求的最小值或最大值与一条曲线或者一个面相关，那么最优化问题将会变得更加棘手。

这类问题中最著名的例子可能就是伯努利在1696年提出的"最速降线问题"（见图84），又称"捷线问题"。这个问题的内容是，仅在重力的作用下，物体沿着连接A和B两点的哪条曲线运动所需的时间最短。

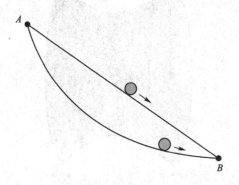

图 84　最速降线问题

很久之前，虽然伽利略已经证明了连接两点之间最短的直线段不是问题的答案，但是他错误地认为连接A和B的一段圆弧是正确答案。

伯努利后来证明，正确答案是一段上下颠倒的摆线。摆线是一个圆在水平面上做纯滚动时，圆上一点所形成的轨迹。

　　一般来说，这种问题需要用到微积分的一个复杂解法——变分法。变分法由欧拉和约瑟夫·拉格朗日（Joseph-Louis Lagrange，1736—1813）于18世纪建立，利用该方法得到的结果通常是一个满足最大或者最小特性的曲线或者曲面的微分方程。

　　例如，想象一下，两个圆环之间有一层肥皂膜把它们连接起来（见图85）。为了使总体的表面积能最小，这一层肥皂膜会稳定在一个表面积最小的状态。

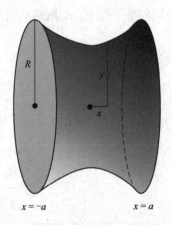

R

y

x

$x=-a$ $x=a$

图 85　两个圆环之间的肥皂膜

　　利用变分法可以求得该肥皂膜的半径y满足以下微分方程：

$$y\frac{\mathrm{d}^2 y}{\mathrm{d}x^2}-\left(\frac{\mathrm{d}y}{\mathrm{d}x}\right)^2=1$$

接下来要解决的数学问题变成了求解该微分方程在满足边界条件（$x=-a$和$x=a$）时$y=R$的解。

不过，这个问题有趣的地方不在于方程的解，而在于解存在的条件。当 $\frac{a}{R}$ >0.6627时，也就是两个圆环的距离大于它们直径的约 $\frac{2}{3}$ 时，该方程无解。

而在实际实验中也证实了这一点。如果我们逐渐增大两个圆环之间的距离，当距离大于这一临界值的时候，整个肥皂膜就会突然破裂，并在两个圆环上分别形成一个圆形的肥皂膜。

22. 神秘的 e

在微积分中，有一个数与众不同，即

$$e = 1 + 1 + \frac{1}{1 \times 2} + \frac{1}{1 \times 2 \times 3} + \frac{1}{1 \times 2 \times 3 \times 4} + \cdots \approx 2.718$$

接下来，我们将了解这个数的诞生过程。不过，我们将从一个看似关系不大的问题入手——疾病的传播。

指数型增长

在流行病传播的早期阶段，感染病例通常会在一定的时间内翻倍，假设这段时间就几天。

如果我们把翻倍所需的时间定义为单位时间，那么在时间$t = 0, 1, 2, 3, 4, \cdots$时，感染病例分别会是1, 2, 4, 8, 16, $\cdots$，也就是2^t。这就是所谓的指数型增长。这一数学结果是在感染速度和已被感染者的数目成比例的假设下直接得到的，而这一假设至少在流行病传播的早期是合理的。

这一事实在微积分中有与其相对应的函数$y = 2^t$。两

者之间唯一的不同是，该函数对所有t都有意义，而不仅
仅是整数t。

函数 e^t

对于函数$y=2^t$，其变化率与2^t成比例。而值得注意的
是，有一个稍微比2大的数e满足e^t的导数等于它自身：

$$\frac{d}{dt}(e^t) = e^t$$

这可以说是令e作为一个特殊的数在微积分中存在的
关键特点。

根据"13.莱布尼茨1684年的论文"的内容可知，
尽管$e^0=1$，函数$y=e^t$也会随着t的增大而迅速增大，如图86
所示。

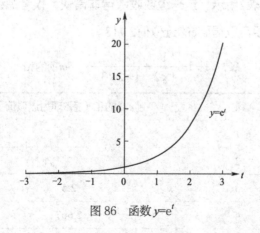

图 86   函数 $y=e^t$

最简单的计算e的方式也许是用一个无穷级数来表示

e^t，即

$$e^t = 1 + t + \frac{t^2}{1 \times 2} + \frac{t^3}{1 \times 2 \times 3} + \frac{t^4}{1 \times 2 \times 3 \times 4} + \cdots$$

我们很容易就可以验证得知这个无穷级数的确可以准确地表示e^t，因为我们对该等式的两边分别求导可得

$$\frac{\mathrm{d}}{\mathrm{d}t}(e^t) = 0 + 1 + \frac{2t}{1 \times 2} + \frac{3t^2}{1 \times 2 \times 3} + \frac{4t^3}{1 \times 2 \times 3 \times 4} + \cdots$$

对等式右边的项进行约分后就可以发现，等式右边其实等于原来的无穷级数，也就是e^t。

这一无穷级数同样满足$e^0=1$的要求，因为当$t=0$时，除了第一项以外的项均等于0。

由于这一级数对于所有t均收敛，所以令$t=1$便可得到这一部分开篇处表示e的级数：

$$e = 1 + 1 + \frac{1}{1 \times 2} + \frac{1}{1 \times 2 \times 3} + \frac{1}{1 \times 2 \times 3 \times 4} + \cdots$$

如表2所示，这一级数收敛得非常快，仅考虑级数的前7项便可以得到e的近似值2.718。

表2　$1 + 1 + \frac{1}{1 \times 2} + \frac{1}{1 \times 2 \times 3} + \cdots$前$n$项的和

n	前n项的和（后5项为近似值）
1	1
2	2
3	2.5
4	2.667
5	2.7083

n	前n项的和（后5项为近似值）
6	2.7167
7	2.71805
8	2.71825

e 与欧拉

e这个数有一段复杂的历史，它在欧拉1748年的经典著作《无穷分析引论》中崭露头角。

然而，欧拉用了另一种方式引入这个数，如今我们把这种方式写成

$$e = \lim_{n \to \infty}\left(1+\frac{1}{n}\right)^n$$

这个极限非常有趣。对于所有大于1的底数，在一个不断增大的指数的作用下会趋向无穷大。但是在这里，随着指数的增大，底数在不断地减小并越来越接近1。也正是因为这种特别的底数和指数关系的存在，该表达式的极限为一个有限大的数。

e 与赌博

假设中奖的概率是0.01，如果我们玩100次，那么中奖的概率是多少呢？

通过分析，每次都不中奖的概率为 $\left(1-\dfrac{1}{100}\right)^{100}$，这一结果很接近$e^{-1}$，也就是1/e，大约为37%。

因此，中奖的概率大约是63%。

e 与对数

敏锐的读者可能已经注意到在"14.'一个谜团'"中，对x的幂求积分的等式有一个特例：这一等式对于x^{-1}，也就是1/x不成立。

有趣的是，这一函数有着完全不同的积分结果，这个结果涉及以e为底x的对数，即

$$\int \frac{1}{x}\,\mathrm{d}x = \ln x + C$$

e 与寻找幸福

看上去寻找伴侣最佳的策略是拒绝头一个1/e，也就是第一个37%，然后选择比前37%好的第一个人。

我说了"看上去"是因为我并没有真的试过这种方法。

23. 怎样写一个无穷级数

在欧拉为微积分做出的众多贡献中，有一项是他渐渐地改变了人们对这一门学科的本质的看法。

在早期，人们大多从几何的角度来看待微积分，认为微积分只是关于曲线及其性质的学科。然而，在18世纪，一个认为微积分更偏向代数的观点开始出现，欧拉和其他一些学者开始把微积分看成关于函数的学科。

也正是欧拉引入了以下这一现在几乎通用的表示方式

$$y=f(x)$$

用以表示y是x的函数。

当今我们对函数本身的认知是，f只是一些把每一个x值与一个唯一确定的y值对应在一起的规则，例如$f(x)=x^2$或者$f(x)=\sin x$。

在一些时候，用角标" ' "表示函数的导数会方便不少，例如

$$f'(x)=\frac{\mathrm{d}y}{\mathrm{d}x},\ f''(x)=\frac{\mathrm{d}^2y}{\mathrm{d}x^2}$$

不过，在这里我引入这一表达方式的真正原因与无

穷级数有关。

举例来说，在"22.神秘的e"中提到e^i的级数这一概念略显突兀。

1669年，牛顿求得了$\sin\theta$和$\cos\theta$的无穷级数表达式。可惜的是，牛顿所使用的方法虽然非常出色，但是也非常特别，很难广泛地应用到其他问题上。

所以自然地，人们开始考虑是否存在更为简单、更为常规的方法，即以无穷级数表示一个函数。

泰勒级数

假设我们希望把某个函数$f(x)$表示成以下的形式：

$$f(x)=A+Bx+Cx^2+Dx^3+\cdots$$

显然摆在我们面前的问题是，怎么确定系数$A,B,C,\cdots$。

出乎意料的是，要解决这个问题其实相当简单。我们只需要对函数的每一项不断地关于x求导，即

$$f'(x) = B + 2Cx + 3Dx^2 + \cdots$$
$$f''(x) = 2C + 2\times 3Dx + \cdots$$
$$f'''(x) = 2\times 3D + \cdots$$

最后，令这些等式中的$x=0$。我们立即可以发现

$$A = f(0),\ B = f'(0)$$
$$C = \frac{1}{2}f''(0),\ D = \frac{1}{2\times 3}f'''(0)$$

$$f(x) = f(0) + xf'(0) + \frac{x^2}{1 \times 2}f''(0) + \frac{x^3}{1 \times 2 \times 3}f'''(0) + \cdots$$

让我们暂且抛开一些棘手的问题，例如收敛性。用这种方式表示函数的关键是，我们需要知道函数在某一点的取值及该函数在这一点的所有导数值，在这个例子中，这一点为 $x=0$。

这个级数以英国数学家布鲁克·泰勒（Brook Taylor，1685—1731）的名字命名，他在1715年发表了一个相同的结果。不过，似乎早在1671年，詹姆斯·格雷果里就已经知道了这一结果，而且在牛顿的一份未发表的手稿中，他也用相同的推导方式得到了这一结果（见图87）。

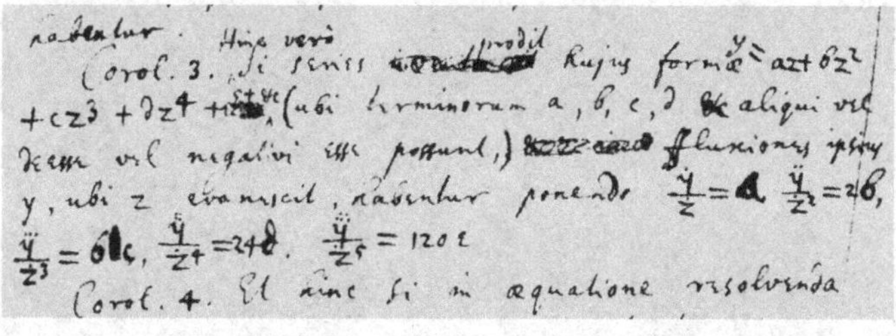

图87　1691年，牛顿在研究 $f(0)=0$ 时的泰勒级数的手稿

$f(x)=e^x$ 的泰勒级数应该是这一级数最简单的应用了，因为这一函数的所有导数在 $x=0$ 处都为1。利用泰勒级数，我们就可以推导出"22.神秘的e"中的结果：

$$e^x = 1 + x + \frac{x^2}{1 \times 2} + \frac{x^3}{1 \times 2 \times 3} + \cdots$$

同样地，只要反复使用图63中的结果,就可以很容易地求得函数sin x和cos x的泰勒级数:

$$\sin x = x - \frac{x^3}{1 \times 2 \times 3} + \frac{x^5}{1 \times 2 \times 3 \times 4 \times 5} - \cdots$$

$$\cos x = 1 - \frac{x^2}{1 \times 2} + \frac{x^4}{1 \times 2 \times 3 \times 4} - \cdots$$

实际上，我在e^x的泰勒级数后面接着介绍这两个级数是有原因的……

24. 虚数的微积分

1748年，欧拉把微积分应用到了一个全新的方向，并用一个非凡的结果把e和三角函数联系了起来（见图88）。

$$e^{i\theta} = \cos\theta + i\sin\theta$$

图 88　一个惊人的关系

这个式子中最显著的特点就是虚数单位i的使用。

$$i = \sqrt{-1}$$

而在当时，这引来了不少质疑的声音。

不过，要理解这一关系式是怎么推导出来的，我们只需要稍微鼓起勇气，令第141页中e^x的无穷级数中的$x=i\theta$，其中θ为实数。然后将$e^{i\theta}$进行泰勒展开，反复利用$i^2=-1$降低i的次数，并把实数和虚数分开整理在一起便可

得到下式

$$e^{i\theta} = \left(1 - \frac{\theta^2}{2} + \frac{\theta^4}{2\times3\times4} - \cdots\right) + i\left(\theta - \frac{\theta^3}{2\times3} + \frac{\theta^5}{2\times3\times4\times5} - \cdots\right)$$

因为两个括号中的无穷级数正是函数$\cos\theta$和$\sin\theta$的泰勒级数，由此便可得到图88中的关系式。

特别的是，当$\theta=\pi$时，可以得到图89中的结果。人们普遍认为这一结果是数学中最非同凡响的等式之一。这是因为它以一种出人意料的方式把e、i和π联系在了一起。（然而奇怪的是，这一等式并没有明确地在任何一份欧拉的作品中出现过。）

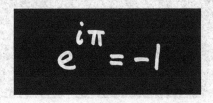

图 89　有史以来最美的等式之一

复变函数

在大约1800年的时候，复数的概念开始被人们广泛认可。

$$z=x+iy$$

式中，x和y均为实数。数学家甚至开始用由实轴和虚轴组成的复平面上的点来表示复数，从而使其更加形象化

（见图90）。

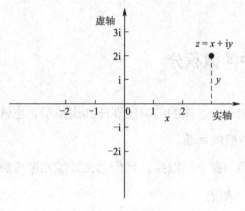

图 90　复平面

不久之后，在大约1820年，法国数学家奥古斯丁·路易斯·柯西（Augustin-Louis Cauchy，1789—1857）开始建立以复数z为自变量的函数的微积分。

不出意料的话，这必然会涉及对自变量z求导的关键思想。如果w是一个关于z的复变函数的复数因变量，则

$$\frac{\mathrm{d}w}{\mathrm{d}z} = \lim_{\delta z \to 0} \frac{\delta w}{\delta z}$$

尽管这一定义看起来是这么易于理解，但其实它并不是那么简单。这是因为在理论上，我们可以以很多不同的方式取得 $\delta z \to 0$，而又因为在复平面上，我们可以从很多不同的方向趋近点z。不过，所有这些方式最后要能得到同一个$\frac{\mathrm{d}w}{\mathrm{d}z}$值，也就是这个值只由点$z$自身决定。

这通常会有深远的影响，有时候甚至是得到非同寻常的结果。

飞行中的微积分

其中一个这样的结果出现在20世纪初，也就是空气动力学发展的早期。

简要地说，问题是，我们怎么才能知道机翼周围的空气流动情况。

当然，理论上，我们可以写出合适的流体运动的微分方程并求解。

但是实际上，机翼形状的复杂性，特别是机翼尖锐的后缘（见图91），给求解带来了巨大的难度。

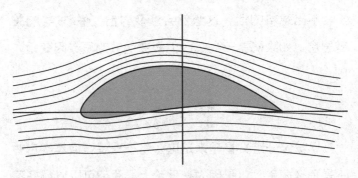

图 91　流过一个翼型的气流

另外，流过圆柱的气流这一相对应的问题要实现数学分析则容易得多（见图92）。

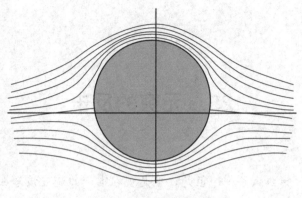

图 92 圆柱绕流的流线

而且出乎意料的是，如果把流线看作复平面中的曲线的话，我们就可以通过对这些流线进行一些简单的变换得到机翼周围的空气流动情况。

简而言之，无论这看起来多么难以想象，要解决流体力学中的一些现实问题，我们都可以先把它转化为复平面中的问题，进行一些巧妙的变换，然后再转换回来。

25. 无穷的反击

柯西疯了……但是，他是现在唯一知道应该怎么研究数学的人。

挪威数学家尼尔斯·阿贝尔（Niels Abel）在1826年
的一封信中写道

在19世纪，柯西和其他数学家都致力于为微积分建立一个更为坚实的基础。

这其中很多问题都以某种方式与无穷产生了联系，而与无穷打交道可是一件相当危险的事。

"消失的把戏"

其中一个例子就是以下这一无穷级数：

$$1 - \frac{1}{2} + \frac{1}{3} - \frac{1}{4} + \frac{1}{5} - \frac{1}{6} + \cdots$$

这有点像莱布尼茨级数，不同之处在于该级数的分母使用了所有的正整数，而不只是正奇数。

实际上，这一级数是收敛的，它的和为$\log_e 2 = 0.693\cdots$。

但如果我们用另一种顺序对上述级数的各项进行重新组合，例如令正项后面紧跟着两个负项，即

$$\left(1-\frac{1}{2}\right)-\frac{1}{4}+\left(\frac{1}{3}-\frac{1}{6}\right)-\frac{1}{8}+\left(\frac{1}{5}-\frac{1}{10}\right)-\frac{1}{12}+\cdots$$

我想强调一下，我们既没有"舍去"或是"增加"任意一项，也没有改变任意一项的符号。

看上去重新组合后的无穷级数必然和原无穷级数收敛于同一个值，但是实际并非如此。

如果我们算出每个括号中的结果，就可以得到一个新的无穷级数

$$\frac{1}{2}-\frac{1}{4}+\frac{1}{6}-\frac{1}{8}+\frac{1}{10}-\frac{1}{12}+\cdots$$

而这又等于

$$\frac{1}{2}\left(1-\frac{1}{2}+\frac{1}{3}-\frac{1}{4}+\frac{1}{5}-\frac{1}{6}+\cdots\right)$$

也就是说，这个无穷级数的和是原无穷级数的和的一半！

换句话说，我们似乎令0.693…的一半"消失"了。

"极限"的解围

这一"消失的把戏"由伯恩哈德·黎曼（Bernhard Riemann，1826—1866）在1854年发现。为了理解其中

的缘由，我们首先分别考虑两个无穷级数，一个包含所有的正项，另一个包含所有的负项，即

$$1+\frac{1}{3}+\frac{1}{5}+\frac{1}{7}+\cdots$$

和

$$-\frac{1}{2}-\frac{1}{4}-\frac{1}{6}-\frac{1}{8}\cdots$$

通常情况下，最稳妥的无穷级数求和方法是先考虑前n项的和S_n，然后令$n\to\infty$。

但问题是，和"9.无穷级数"一样，这两个级数均不收敛到一个有限的值。对于第一个级数，当$n\to\infty$时，$S_n\to+\infty$；而对于第二个级数，当$n\to\infty$时，$S_n\to-\infty$。

突然间，两个级数相加的和与相加的方式有关竟也显得如此理所当然。

实际上，黎曼接着证明了，只要对级数中正项和负项的顺序进行足够巧妙的排列，就可以令排列后级数的和收敛于我们想要的任意值。

傅里叶级数

还有一个不同的例子出自以下这一无穷级数：

$$y=\sin x+\frac{1}{3}\sin 3x+\frac{1}{5}\sin 5x+\cdots$$

19世纪20年代，约瑟夫·傅里叶（Joseph Fourier，1768—1830）在巴黎工作期间曾致力于一项与热传导有

关的研究，而正是这一研究导致了上述级数的诞生。

这一级数与我们目前见过的所有级数都不一样，它的项不是由x的幂组成的。

尽管如此，因为每一项都是关于x的连续三角函数，所以也许我们可以合乎情理地猜测y也是一个关于x的连续三角函数。

然而事实并非如此。

如果以x为横轴、y为纵轴作图，我们将得到一个方波。该方波除了当x是π的整数倍时$y=0$，在其他地方y都是$\frac{\pi}{4}$或$-\frac{\pi}{4}$（见图93）。

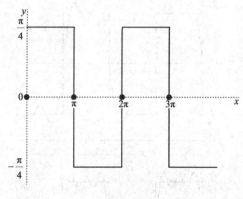

图93　方波

也就是说，当x每变化π的整数倍的时候，函数y的值会从一个值跳跃到另一个值。

同样地，我们先考虑一下前n项和S_n的变化，这样就可以理解为什么我们的猜测是错误的。对于一些不同的

n，前n项和S_n的图像如图94所示。虽然例子并不算多，但是以此为基础，我们可以很容易想象出当$n \to \infty$时，对于任一x，S_n会趋于$\frac{\pi}{4}$、0或者$-\frac{\pi}{4}$。

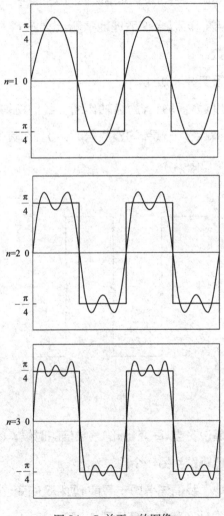

图94　S_n 关于 x 的图像

即使你觉得上述分析的说服力欠佳，但是起码这一结果在$x=\pi/2$处一定是正确的。因为当$x=\pi/2$时，这个级数就演变成了"17.π 与奇数"中著名的莱布尼茨级数：

$$1-\frac{1}{3}+\frac{1}{5}-\frac{1}{7}+\cdots=\frac{\pi}{4}$$

处处都是极限

极限对于正确理解无穷级数是至关重要的。

但是正如我们在"5.微分"中所说的，微分本质上也是一个求极限的过程（见图95）：

$$\frac{\mathrm{d}y}{\mathrm{d}x}=\lim_{\delta x\to 0}\frac{\delta y}{\delta x}$$

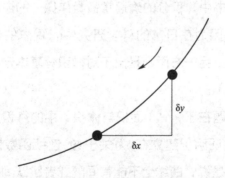

图 95　微分是一个求极限的过程

无独有偶，积分也可以被看作一个求极限的过程。例如，在求$x=a$和$x=b$之间曲线下方面积的问题中，这一面积通常可以表示为：

$$\int_a^b y\mathrm{d}x$$

毕竟，自费曼（从某种角度上说，甚至是从阿基米德）开始，这一问题就是为求和的极限值而存在的（见图96）。

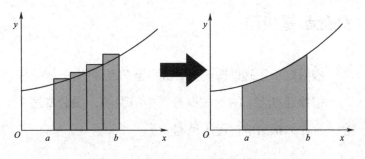

图 96　求积分也是一个求极限的过程

在本书中，积分的确通常被看作微分的逆运算。这一方面是因为在日常的科学研究中，积分的数学意义的确如此，另一方面则是出于对微积分基本定理的理解（见图37）。

但问题在于，"8.面积与体积"中的微积分基本定理（及其证明）建立在y为关于x的连续函数的基础之上，也就是说，曲线上不能有间隔或者跳跃间断点（函数在该点的左右极限存在但不相等）。19世纪中期，数学家们开始研究更普遍情况下的积分，而在这些情况下，函数通常并不连续。

无论如何，当柯西和黎曼在设法让微积分的理论基础更为坚实的时候，他们都把积分定义成一个和的极限，而非微分的逆运算。

除此之外，在涉及多重极限的问题中也出现了一些比较棘手的情况。

例如，在"23.怎样写一个无穷级数"中，为了确定系数 $A,B,C,D,\cdots$，我们对一个无穷级数的每一项进行了求导。

但这实际上颠倒了两次求极限的次序（在这个例子中就是"$n\to\infty$"和"$\delta x\to 0$"的次序），而这实际上是非常危险的。

当19世纪的数学家们开始努力地去解决一些像上述问题一样棘手的情况时，他们首先遇到了一个关键的障碍。

到底什么是极限？

26. 到底什么是极限

我很惊讶魏尔斯特拉斯先生可以吸引这么多15到20岁的学生来听他这么高水平、高难度的讲座……

1875年，卡尔·魏尔斯特拉斯（Karl Weierstrass）

的同事

在我们说当$x \to \infty$时，$y \to 0$，或者当x趋近于无穷大时，y的极限是0的时候，这到底意味着什么？

为了解释这一问题，先假设y总大于0。

由这一关系首先想到的第一个函数也许是$y=1/x$（见图97）。然而，即便是一个如此简单的函数，我们为什么能确定当$x \to \infty$时，$y \to 0$呢？

"随着x的增大，y越来越接近0"这样的答案明显不够充分。对于$y=1+1/x$，这句话也同样成立，但是当$x \to \infty$时，这一函数明显不趋于0。

一个更好的答案是：

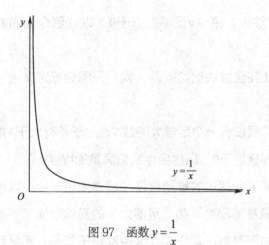

图97　函数 $y = \dfrac{1}{x}$

"只要我们让 x 足够大，就可以让 y 足够接近于0，以达到令我们满意的程度。"

类似的考虑方式，我们在本书中使用过不少了。但实际上，即便是这种思路也还有一个问题。这种定义可能会被一些函数钻空子，例如：

$$y = \begin{cases} \dfrac{1}{x} & x\text{不是整数} \\ 1 & x\text{是整数} \end{cases}$$

这个函数看上去和图97中的函数一样，只不过每当 x 是整数的时候，它会有一些"扰动"，函数值会变为1。

无论这个例子看上去有多么不自然，它的的确确是一个关于 x 的函数，但是它并不满足"当 $x \to \infty$ 时，$y \to 0$"，因为它的值并不会完全"稳定"下来。然而只要我们小心一点，不选择整数，我们又的确可以通过让x足够大，来令y足够接近于0，以达到令我们满意的程度。

要完全解决这类问题，我们只需要把定义进一步完善为：

"假设有一个足够大的数N，对于所有大于N的x，y都足够接近于0，以达到令我们满意的程度。"

剩下要解决的难题就是"足够接近于……以达到令我们满意的程度"和"足够大"的具体意义了。这两个说法对于严格的数学工作来说都过于笼统，因此我们再进一步完善我们的定义：

"对于任意给定的正数ε，总存在一个正数X，使得对于任意大于X的x值，都有$y < \varepsilon$成立。"

这个定义里包含了无论ε多小，该结论都应该成立的意思。但是我们并不需要明确地指出ε到底是多小，因为这一要求一定会在"任意"一词的范围内。

而反观我们的例子$y = 1/x$，这个函数的确符合这一定义。因为对于任意给定的正数ε，所有大于$1/\varepsilon$的x值所对应的函数值$y = 1/x$都小于ε。

最后，我们应该放宽对y大于0的要求，这一要求也只是为了方便解释而已。例如，也有可能当$x \to \infty$时，函数值y以一种振荡的方式实现$y \to 0$（见图98）。

放宽要求后的最后一项工作倒是相当简单，我们只需要把定义中的"$y < \varepsilon$"改为"$-\varepsilon < y < \varepsilon$"。

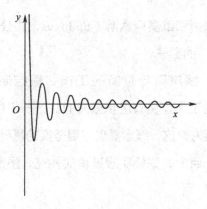

图 98　一个逐渐衰减的振荡

　　这一把整个极限的概念建立在坚实的基础上的定义方式要归功于德国数学家魏尔斯特拉斯在19世纪末的工作。

　　不过，回想一下之前的数学家离这一定义有多近也是一件挺有趣的事。

　　例如，牛顿曾经在他的《自然哲学的数学原理》（1687）中关于一个事物"接近"于另一个事物的内容中写道：比任何给定的差异还要接近。

　　1765年，达朗贝尔写道，只要满足以下条件，则一个量是另一个量的极限，即当第二个量接近于第一个量时，其距离小于任意给定的量，无论这个量多小。

　　然而到了魏尔斯特拉斯的定义里，整个"接近"的说法已经被舍弃了，取而代之的是"<"和">"的广泛使用。从这方面来看，这一定义里甚至还有一丝2000多年前阿基米德和欧多克索斯（Eudoxus，约公元前400—公元前347）的影子。

但是，魏尔斯特拉斯的工作归根结底不是"复古"，他的工作是具有进步意义的。这一工作不仅为微积分，甚至为数这一概念提供了更坚实的基础。

在这一点上，我确实应该稍加补充，虽然其内容可能略显奇怪。

早在"3.无穷"中，我就曾经说过我并不知道一个数是"无限小的"是什么意思。但是如今的确有数学家在研究这样的数，他们所研究的数学分支被称为非标准分析，由数学家亚伯拉罕·鲁滨逊（Abraham Robinson）于20世纪60年代创立。

那么以我的理解，要使微积分的基础建设做到滴水不漏，我们必须成功解决极限的概念或者"无穷小"的概念的问题。

而至少到现在，大多数数学家选择了这两条路中的前一条。不过，看起来最后的选择权还是在我们手上。

27. 大自然的方程

随着本书接近尾声，我想回归到介绍微积分的应用上，而首先要介绍的就是偏微分方程，因为它是诸多现代科学的核心，而且它通常会以令人感到惊讶的形式出现。

光与微积分

在1865年，苏格兰物理学家詹姆斯·克拉克·麦克斯韦（James Clerk Maxwell，1831—1879）系统地建立了电磁学的数学理论体系（见图99）。

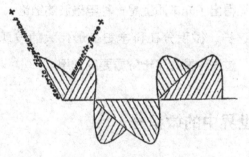

图 99　麦克斯韦在他的著作《电磁通论》

（1873）中绘制的电磁波

特别地，他发现电场和磁场都满足同一个偏微分方程。

在如今的国际单位制下，这一方程最简单的形式是

$$\frac{\partial^2 y}{\partial t^2} = \frac{1}{\mu_0 \varepsilon_0} \frac{\partial^2 y}{\partial x^2}$$

式中，μ_0 和 ε_0 都是电磁学常数。它们在麦克斯韦的时代就已经可以通过实验室研究获得，而且精度相当高。

我相信，这个方程一定会让你觉得似曾相识，那是因为如果单纯从数学的角度看，这完完全全就是"20.微积分与电吉他"中所描述的振动的弦的偏微分方程！两者之间的差别只是在于这一方程中的常数是 $\frac{1}{\mu_0 \varepsilon_0}$，而非之前方程中的 $\frac{T}{\rho}$。

因此，麦克斯韦立刻就知道这一方程会有像波一样的解，并且这些电磁波的传播速度是 $\frac{1}{\sqrt{\mu_0 \varepsilon_0}}$。不仅如此，这个速度还与测量到的光速十分接近，以至于麦克斯韦立马得出了光本质上是一种电磁波的结论。

就这样，微积分在科学史上最伟大的发现之一的"诞生"过程中发挥了十分重要的作用。

量子世界中的微积分

在距当时大约60年后的20世纪20年代，量子力学的出现使物理学界再一次发生了剧变。

当时，为了解释一些实验现象，人们只能把光看作一系列的名为光子的粒子，而不是一种波。每个光子蕴含着少量的能量：

$$E=hv$$

式中的v是光的频率，h是普朗克常数（约为$6.626 \times 10^{-34}\text{J} \cdot \text{s}$）。

无独有偶，为了解释一些关于粒子（例如电子）的实验，人们只能把这些粒子看作一种波。

我们可以把量子力学中的一个运动的粒子想象成一个有限范围内的波包（见图100）。

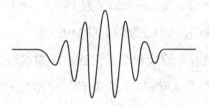

图 100　量子波包

1926年，埃尔温·薛定谔（Erwin Schrödinger，1887—1961）引入了波函数Ψ的概念，并用一个微分方程来描述量子力学中的波。

举一个最简单的例子，对于一个沿x轴运动、势能为V、质量为m的粒子，其薛定谔方程为

$$i\hbar \frac{\partial \Psi}{\partial t} = -\frac{\hbar^2}{2m} \frac{\partial^2 \Psi}{\partial x^2} + V\Psi$$

式中 $\hbar = \dfrac{h}{2\pi}$。

我们再一次通过偏微分方程描述了物理理论的核心，只不过这一次发现了一个有趣的转折点。

虚数 $i = \sqrt{-1}$ 直接出现在了微分方程中。因此波函数 ψ 是一个复数，其实部和虚部都取决于 x 和 t。

很明显，这和经典的波函数大相径庭。不过，完整三维薛定谔方程的贡献之一就是它成功地解释了氢原子中的电子能级问题：

$$E_N = -\frac{hcR_0}{N^2}$$

式中，c 为光速，R_0 为里德伯常数（约为 $1.097 \times 10^7 \mathrm{m}^{-1}$），以及最重要的，$N$ 为正整数，即 $N=1,2,3,\cdots$。

也就是说，能级是量子化的。如果这些离散的能级使你想起了"20.微积分与电吉他"中离散的频率，那么这十分合理，因为薛定谔本人也写道：

我希望在研究氢原子的时候，完整性可以像弦振动中的节点数一样自然而然地体现出来。

超声速和微积分

在20世纪，包括流体力学在内的许多经典物理学领域均取得了巨大的突破。特别是在20世纪50年代，超声速飞行的前景令人兴奋不已。

　　我认为如今绝大多数人都知道当飞行器的速度超越声速时会发生一些奇妙的变化。但是，如何从纯数学的角度来解释呢？

　　如果我们跟着飞行器移动，那么机翼看上去是静止的，这样问题就被极大地简化了。

　　想象一下，空气以速度U沿着x方向流过一个机翼。这将使气流受到微小的扰动，该扰动可以通过x和y的速度势函数ϕ来描述，并且速度势函数ϕ满足以下偏微分方程：

$$\left(1-Ma^2\right)\frac{\partial^2\phi}{\partial x^2}+\frac{\partial^2\phi}{\partial y^2}=0$$

式中Ma为马赫数，定义如下：

$$Ma=\frac{U}{c}$$

其中c为声速。

　　可以明显地看出，随着Ma逐渐增大并超过1时，偏微分方程中第一项的符号会发生变化，而这导致整个偏微分方程的特性和它的解也发生了变化。

　　对于$Ma<1$的亚声速流动而言，方程与"22.神秘的e"中的复变理论有很大的联系。气流中处处都有扰动，只不过在远离机翼处的扰动非常小［见图101（a）］。

　　但是，对于$Ma>1$的超声速流动而言，方程本质上就变成了经典的波动方程。因此除了图101（b）中的阴影区域外，气流中均无扰动。

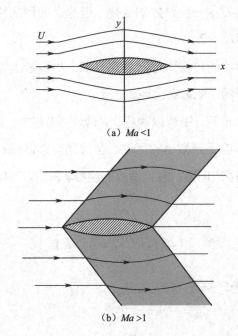

(a) $Ma < 1$

(b) $Ma > 1$

图 101   (a) 亚声速和 (b) 超声速流动中气流流过对称薄机翼

阴影区域的边界被称为马赫线，其与 x 轴的夹角 α 满足以下关系：

$$\sin \alpha = \frac{1}{Ma}$$

所以，超声速气流的马赫数越大，夹角 α 越小，马赫线越向后倾斜。

马赫线本质上是更柔和的激波，它们会与飞行器一同运动。而且对地面上静止的观察者而言，在第一道波到达之前，他不会听到任何声音。

28. 从微积分到混沌

时至今日，微分方程依旧是现实世界与微积分最重要的交汇点。

得益于计算机革命，我们求解微分方程的能力在20世纪60年代得到了飞跃性的提升（见图102）。

图 102　洛伦茨方程中的混沌：一个坐标为

（x,y,z）的点的运动路径

计算机辅助下的微积分

混沌的基本概念相当简单，甚至能追溯到欧拉所在的年代。

假设我们有一个微分方程，例如

$$\frac{\mathrm{d}y}{\mathrm{d}t} = y$$

碰巧的是，我们在"22.神秘的e"中已经知道怎么解这一方程了。但是假设我们不知道。我们只知道在某些特定的时刻t时y的值，或者至少是y的近似值。

此时，微分方程蕴含的意义是在一段很短的时间δt后，对应的增量δy近似地满足以下关系：

$$\frac{\delta y}{\delta t} = y$$

利用在时刻t时近似的y值，我们可以计算出微小的增量δy。把这一增量与我们"现在"的y值相加，便可近似地得到时刻$t+\delta t$对应的"新"y值。

接下来是关键的一步。我们可以用这一y值，用同样的方法和步骤得到一小段时间δt后近似的y值，而且不断重复这一步骤可以得到后续更多的y值。

这一套方法被称为步进法。理论上，只要我们取的时间步长足够小，就可以得到原微分方程非常好的近似解。

例如，在图103中，我们要求解的是

$$\frac{\mathrm{d}y}{\mathrm{d}t} = y，边界条件为t=0时，y=1$$

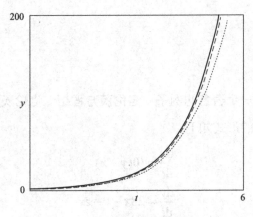

图 103　欧拉步进法的应用

最下方的"曲线"是令 δt=0.1后得到的，通过对比可以发现明显的累计误差。然而，对于令 δt=0.02后得到的其上方的曲线，它与方程的真实解 $y=e^t$ 在图103所示的时间尺度上几乎看不出差别。

在实际应用上，有更多更复杂而且精确度更高的方法可以近似求得 δy。

不过它们的基本思路都是一样的——选择一个微小的固定时间步长 δt，用递推近似求解的方法代替原微分方程，并用计算机不断执行该递推方法以求得近似解。

更重要的是，这一思路同样可以应用于当 dy/dt 为难以处理的 y 的函数时微分方程的求解。

不仅如此，即便是由类似的微分方程组成的多变量微分方程组，这一方法也可以"大展身手"。

混沌

　　举一个著名的例子：洛伦茨方程组。洛伦茨方程组最典型的形式如下：

$$\frac{\mathrm{d}x}{\mathrm{d}t} = 10(y-x)$$

$$\frac{\mathrm{d}y}{\mathrm{d}t} = 28x - y - zx$$

$$\frac{\mathrm{d}z}{\mathrm{d}t} = -\frac{8}{3}z + xy$$

　　可以看出，虽然这是3个不同的方程，但是未知量 x、y 和 z 均是时间 t 的函数。

　　这一方程组有一个关键的特性：非线性。这是由方程中（$-zx$）项和 xy 项的存在导致的。这些项是变量的乘积，而这些乘积是我们很难表示出来的，也正是这一特性导致这一方程组的求解特别具有挑战性。

　　这一方程组在美国气象学家爱德华·诺顿·洛伦茨（Edward Norton Lorenz）1963年发表的一篇论文中首次亮相。他建立了一个液体层内热对流的极简模型，并从这一模型中推导出了该方程组。

　　洛伦茨在一台非常"原始"的台式计算机上用步进法求解了这一方程。如果我们用同样的方法求解这一方程，并作出变量相对于 t 的图像，那么所得图像中的曲线通常是振荡的。

但是这一振荡是紊乱的，看起来是无规律的，因此整个系统也不会发展变化为一个稳态或者是进行周期性变化的系统（见图104）。

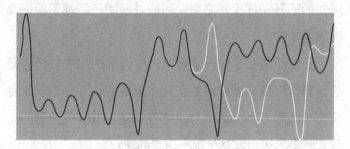

图104　洛伦茨方程组中的混沌现象，展现出其对初始值
极高的灵敏度

混沌还有第二个关键特征。

图104中的黑色曲线和白色曲线的初始值只有细微的不同，因此在刚开始的一段时间内几乎无法区分这两条曲线。

然而，经过几次振荡之后，两条曲线发生了明显的分离，此后整个系统朝着两个完全不同的方向发展。

这一对初始值极高的灵敏度是混沌的一个关键标志。这意味着预测混沌系统长期的变化是不可行的，因为在实际中可能根本无法测定高精度的初始条件。

这是一个严重的问题。因为我们现在知道，无论是物理、工程、化学还是生物，非线性微分方程组描述的很多系统都有混沌的特性。

　　尽管一些关键的思路可以追溯到19世纪末伟大的法国数学家亨利·庞加莱（Henri Poincaré，1854—1912），但是在20世纪60年代洛伦茨和其他一些学者完成他们的开创性工作之后，人们才开始广泛地意识到混沌的重要性。

　　洛伦茨最初是在一个更早且更详细的包含12个变量的计算机气象模型中萌生了这些思路的，而物理学家雷蒙德·海德（Raymond Hide）在20世纪50年代所做的出色实验多多少少推动了这一模型的建立。

　　这些实验中用到了一个旋转的环形水箱，其内环和外环以不同的温度保持恒温。从某种意义上说，这是简化到只剩下本质特点的大气层模型：恒定的旋转和差温加热（指对被加热件采用不同的温度同时进行加热或者以随时间变化的温度进行加热的方式）（见图105）。

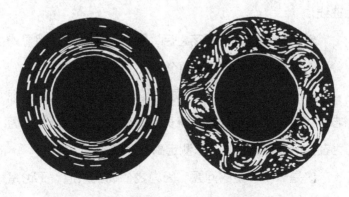

图105　差温加热旋转流体时，流体的两种流动状态

在低转速的情形下，液体的流动状态关于转轴对称；而在高转速的情形下，液体的流动变得不稳定，出现明显的曲流结构，类似于大气层中的喷流。

当转速进一步增大时，摇摆不定的喷流会以一种不规则的方式起伏不定，而正是这种现象引起了洛伦茨的兴趣。

正当洛伦茨用他早期的12变量的模型研究这一类流动时，命运向他伸出了"幸运之手"。

在某个时刻，他决定重新计算某个区域的输出结果。他随即停止了计算机的计算，并输入该区域的初始值。但是，出于计算机实际性能有限的原因，他并没有输入有6位精度的原始数据，而是输入了精度为3位的近似值。

用他自己的话说：

我重新运行了计算机的计算程序后便去买了一杯咖啡。大约一小时之后，我回来发现新的计算结果和原来的结果并不相符。

起初，洛伦茨怀疑这是某种计算机错误引起的，但是他不久便从这一输出中发现并不是这么一回事。

在他喝咖啡期间，计算机模拟了大约两个月的"天气情况"。起初，初始值微小的圆整误差导致的输出偏差并不大。然而渐渐地，这些误差稳定地变大，大约每4天翻一倍。然后在第二个月的某个时间点以后，模拟结果与原始"天气"的相似性尽失。

　　就这样,洛伦茨或多或少意外地发现了我们如今所说的"对初始值的灵敏度"。在最后,他得出结论:这一极高的灵敏度很大程度上导致了混沌的发生。

　　洛伦茨是一位谦虚的学者,而且我认为,他是又一位利用数学——特别是微积分——来理解世界运行规律的科学家。

　　在1973年,我曾与他打过网球。